KB111103

장수유전자 생존 전략

장수유전자

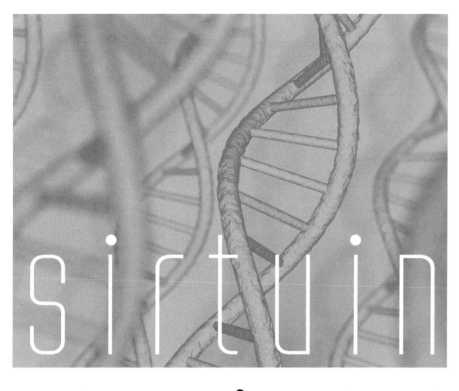

sirtuin

생존  전략

쓰보타 가즈오 지음 | 오창규 감수 | 윤혜림 옮김

전나무숲

장수유전자를 알면 사는 게 즐거워진다

나는 원래 안과 의사다

노안(老眼), 참 배려 없고 센스 없는 용어다. 증상만 보면 안구의 조절력이 떨어져서 가까운 사물에 초점이 잘 맞지 않는 것에 불과하다. 문제는 증상의 심각성이 아니라 그걸 굳이 '노안'이라고 부르는 데에 있다. 가까이 있는 글자가 희미해 보이면 '눈에 이상이라도 있나' 하고 의심하기보다 '벌써 그럴 나이가 됐나' 싶어 울적해지는 이유도 그 때문이다.

그런 점에서 돋보기니 노인경이니 하는 말도 영 탐탁지 않다. 나이가 들면 자연히 수정체의 탄력이 떨어지고 시력도 감소하기 마련이다. 그런데 그때가 마침 인생에서 가장 원숙하고 풍요로운 시기라는 사실이 유감스럽다. 이제 뭐 좀 알 만하고 해볼 만한 '제2의 전성기'를 흐린 눈으로 보내야 하니 말이다.

하지만 요즘은 이런 '안구의 조절력 저하' 정도는 고주파를 이용한 CK 노안교정술로 쉽게 교정할 수 있다. 섬세한 기술이 필요하지만 경험 많고 실력 있는 의사가 시술하면 시간도 얼마 걸리지 않고 위험성도 거의 없다. 근시나 원시, 난시 등도 수술로 교정한다. 라식은 단파장 레이저를 이용해 각막의 형태를 바로잡고 굴절력을 조절해 시력을 교정하는 수술이다. 양 눈을 시술하는 데 20분 정도밖에 걸리지 않고 통증도 거의 없다.

　나는 라식 수술이 개발된 지 얼마 되지 않은 1997년부터 시술을 시작했다. 그래서인지 일본에서는 나를 라식 수술의 선구자라고 소개할 때가 많다. 선구자가 될 생각으로 서두른 것은 아니지만 어쨌든 남들보다 빨리 시작한 덕에 그만큼 수술 경험이 풍부하다. 시술 건수가 벌써 4만 건을 넘었으니 환자의 연령대나 증상의 다양성 면에서 보면 일본에서 으뜸인 것은 분명하다.

　뜬금없이 라식 이야기를 꺼낸 데는 이유가 있다. 내가 항노화에 관심을 갖게 된 계기가 바로 라식 수술이기 때문이다. 더 정확히 말하면, 라식 수술로 시력을 회복한 중노년 환자들이 시력뿐만 아니라 젊음까지 되찾는 신기한 현상을 수도 없이 목격했기 때문이다.

58세의 A씨도 그런 사람들 중 하나다. 그녀는 메뉴판이나 물건의 가격표를 볼 때마다 안경을 꺼내 써야 했는데, 그게 참 싫다고 했다. 마치 남들에게 "나, 늙었소!"라고 말하는 것 같았기 때문이다. 하지만 수술 후에 안경 없이도 가까이 있는 작은 글자를 읽을 수 있게 되면서 그녀의 일상이 달라졌다고 한다. 눈을 반짝이면서 "다시 한 번 연애를 하고 싶다"며 수줍게 웃던 그녀의 모습이 지금도 기억난다.

다른 예도 있다. 70대 남성인 B씨는 노년백내장이 심했다. 시야가 많이 흐려지자 평소 즐기던 독서도 못 하게 되었다. 그 탓인지 늘 기운이 없고 나이보다 더 노쇠해 보였다. 그랬던 그가 백내장과 노안을 치료한 후부터 달라졌다. 우선 거울에 비친 자신의 모습이 뚜렷하게 보이자 옷차림에 부쩍 신경을 쓰고 말투와 자세도 다듬기 시작했다. 그러다 보니 자연히 대인관계가 좋아지고 활동 범위도 넓어졌다. 정기검사 때 만났더니 수술 전의 초췌한 모습은 온데간데없고 표정에는 자신감이 넘쳤다. "이렇게 오래 살면 뭐 하겠냐"던 넋두리가 어느새 "무슨 일이 있어도 백 살까지 살겠다"는 강한 의지로 바뀌었다.

그때까지 나는 의학을 '병을 고치는 학문'으로만 알고 있었다. 그런 내게 환자들의 이런 변화는 일종의 문화충격으로 다가왔다. 이 일을 계기로 '늙는 것'이 어떤 것인지, '젊음'은 또 무엇인지 곰곰이 생각하게 되었다. 그러다 문득 의학의 힘을 이용하면 늙지 않고 건강하게 오래 살 수 있을 것이라는 막연한 기대감이 들었다.

나는 곧바로 관련 분야의 자료를 찾기 시작했다. 미국에는 이미 '항노화(antiaging) 의학'이라는 새로운 분야가 자리를 잡고 있었다. 수많은 연구자들이 노화 예방과 치료에 매진하고 있었으며, 기존의 상식을 깨는 흥미로운 실험 결과와 연구 성과들이 잇달아 보고되면서 '노화 현상'의 메커니즘이 서서히 밝혀지고 있었다. 그러다 2000년 초, 마침내 장수와 관련된 유전자의 존재가 확인되었다. 이 '장수유전자'의 발견은 내 항노화 연구의 시발점이 되었다.

'항노화 의학'이라는 미지의 세계를 탐험하다

나는 항노화 연구의 일환으로 가장 먼저 관련 국제 논문과 정보지를 샅샅이 찾아 읽었다. 그다음은 주요 논문의 저자나 실험을 담당했던 사람들을 만나러 세계 곳곳을 찾아 헤맸다. 이런 나를 보고 사람들은 '안과 의사가 항노화에 왜 그다지도 관심이 많은지'를 무척 궁금해 했다. 이유는 분명했다. 내게 이미 익숙한 '눈'의 세계로부터 '온몸'이라는 미지의 세계로 탐구 영역을 넓히기 위해서였다.

이처럼 내가 항노화 연구를 하는 목표는 명쾌했지만 그 과정은 험난했다. 당시 일본에는 '노화 연구'니 '항노화'니 하는 용어조차 알려져 있지 않은 때여서 의사인 내게도 항노화 의학은 새롭고 낯설었다. 그래서 논문이나 관련 자료를 읽다가 몇 번씩이나 나오는 유전자의 이름도 금세 잊어버렸고, 최첨단 실험 기술은 아예 이해가 되지 않아 몇 번씩 반복해 읽은 적도 많았다. 장비 없이 맨몸으로 에베레스트에 오르는 탐험가의 무모함이 바로 이런 것이 아닐까 싶었다.

그러나 어느 분야건 처음부터 전문가가 될 수는 없다. 나의 항노화 연구 역시 처음이 서툴렀기에 지금까지 흥미와 호기심을 잃지 않을 수 있었고, 무모했기에 도전을 거듭할 수 있었다. 그 결과 안과 의사의 관점으로 노화의 개념과 장수의 의미를 정립하고, 실험을 통해 그 내용을 확인하였으며, 임상에서 적용할 수 있는 방법을 연구해 세계에 알리게 되었다.

항노화 의학의 현실적인 목표와 우리의 인생 목표

항노화 의학이라고 하면 이미 늙어버린 몸을 도로 젊어지게 하는 '회춘의 의학'으로 아는 사람이 많다. 이는 과장되게 알려진 것이다. '건강한 삶을 위해 나이에 초점을 둔 예방의학'이 항노화 의학이며, '퇴직 후 20년간을 건강하게 보낼 수 있도록 하는 것'이 바로 항노화 의학이 지향하는 실질적인 목표다. 여기서 '20년'이란 일반적인 퇴직연령 이후의 기대수명이다.

2010년 한국 기업(300인 이상)의 평균 정년은 57.4세이고 평균수명은 80세를 넘겼다. 정년퇴직 후부터 평균수명에 이르는 기간이 20년이 넘는다는 뜻이다. 흔히 '노후'라고 부르는 이 시기에는 경제적인 대책에 불안을 느낄 뿐만 아니라 신체 곳곳에 퇴행성 변화가 일어나기 때문에 의료비 부담도 커진다.

평균수명은 앞으로도 계속 늘어나겠지만 오래 산다고 무조건 행복한 것이 아니다. 생활습관병이나 암에 걸려 약을 달고 살게 되면 삶의 질이 떨어진다. 그러다 병석에 자리보전하게 되면 행복지수도 낮아진다. 덜컥 치매라도 걸리면 남은 생을 온전히 즐길 수가 없다. 몇 살까지 살든 사는 동안에는 건강해야 한다. 그래야 사는 게 즐겁다.

나는 항노화 의학 분야에서 이미 어느 정도 성과를 거두었지만 호기심과 열정은 처음과 같다. 이 책을 쓰게 된 동기도 항노화 연구에서 느꼈던 헤아릴 수 없는 감동과 경이로움을 많은 사람들과 함께 나누고 싶어서다. 독자와 머리를 맞대고 '늙는 것'에 대해 진지하게 사유하고 '인생을 어떻게 살 것인가?'라는 근원적인 물음을 함께 풀어나가고 싶다.

'항노화'는 고령화·초고령화 사회를 살아가야 할 우리에게 매우 가치 있고 의미 깊은 주제다. 하지만 몇 번을 읽어도 낯선 전문 용어와 이론은 이해하기 버거운 게 사실이다. 나 역시 항노화 의학을 연구하는 내내 낯선 나라에서 홀로 그 나라의 말과 문화를 익히는 외국인의 심정으로 공부했던 기억이 생생하다.

그래서 이 책을 쓸 때는 되도록 이해하기 쉬운 용어와 표현을 골라서 사용했다. 다만 최첨단 정보만큼은 되도록 현장감 있게 전달하고 싶어 주요 체내물질이나 조직, 유전자 등의 이름은 영문명을 그대로 표기했다. 언뜻 이런 용어들만 보면 내용이 꽤 무거울 것 같지만 '등장인물이 많은 미스터리 논픽션'을 읽는다고 생각하고 끝까지 함께하길 바란다.

인생을 장편 드라마에 비유하면 항노화는 드라마의 스토리를 더욱 짜임새 있고 탄탄하게 만드는 연출 기법에 해당한다. 그 스토리에서 비밀의 열쇠를 쥐고 있는 중요한 등장인물이 '장수유전자'다. 장수유전자가 바로 여러분 몸속에 있다. 잠자고 있는 장수유전자를 깨워서 '활성(ON)' 상태로 만들어야 비로소 등장인물이 제 역할을 해낼 수 있다. 한 편의 드라마를 얼마나 멋지게 펼쳐나갈지는 오롯이 여러분의 노력에 달려 있다.

차 례

1부

찾았다, 장수유전자!

2부

장수유전자의 생존 전략

: 100만 년 전 vs. 현대

3부

장수유전자의 조력자들
: 질 좋은 미토콘드리아 & 항산화 네트워크

4부 유전자의 이기적인 선택

5부 건강 장수를 위한 투자

찾았다,
장수유전자!

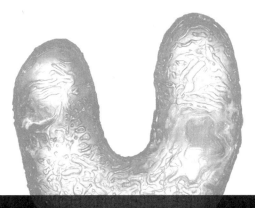

01 | 항노화의 수수께끼를 풀 과감한 첫걸음

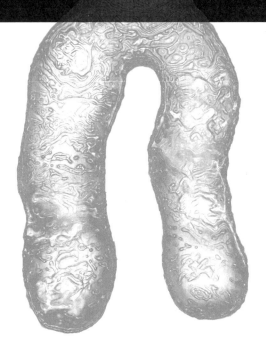

우리가 만약 100만 년 전에 태어났다면?

항노화 연구를 통해 유전자가 가진 수많은 신비한 능력을 알고 나서부터 나는 가끔 이런 상상을 한다.

지금으로부터 100만 년 전 어느 날 밤, 오늘도 배고프고 지친 몸으로 쓰러지듯 잠이 든다. 무리들과 함께 매머드를 쫓아 초원을 달리고 또 달린 게 며칠째일까? 마지막으로 고기를 먹은 게 언제였는지 기억이 가물가물하다. 오늘도 고작 나무 열매 몇 톨과 풀뿌리밖에 먹지 못했다.

며칠이고 굶주림에 시달리는 것은 아주 흔한 일이다. 이미 여러

종의 원인(原人, 40만~50만 년 전의 제2간빙기에 살았던 것으로 추정되는 화석 인류)이 기아로 멸종하지 않았는가. 그런데 나는 아직까지 살아 있다. 운이 좋아서일까?

만약 여러분이 '100만 년 전'에 태어났다면 어떤 모습으로 살았을까? 그때는 영양 상태가 좋지 않았을 테니 키가 지금보다 한참 작았을 게다. 아마 초등학교 저학년 수준 정도 되지 않았을까? 그래도 사냥으로 다져진 몸은 지금의 모습과 비교도 안 될 만큼 다부지고 근육도 꽤 멋졌을 것 같다.

그러나 체력으로 버틸 수 있을 만큼 당시의 상황은 호락호락하지 않았다. 굶주린 배를 언제 채울 수 있을지 기약도 못 하는 나날이 이어졌을 것이다. 그런데도 살아갈 수 있었던 이유는 그런 가혹한 환경이 우리 안에 있는 '생존의 힘'을 눈 뜨게 했기 때문이다. 뒤에서 다시 설명하겠지만 '어떻게든 살아남아야 한다'는 강한 신체적 욕구는 현대의 항노화 의학에서도 매우 중시하는 장수 요인이다.

당장 먹고 사는 일에 급급한 '100만 년 전의 나'로서는 노화 따위를 걱정할 여유가 없었을 것이다. 곯은 배를 움켜쥐고 지쳐서 잠이 들면 늘 같은 꿈을 꾸었을 것이다. 예를 들어 배가 터지도록 매머드 고기를 먹는 꿈 말이다. 이 포식의 기쁨이 100만 년 후에 비만과 당뇨병, 대사증후군 같은 무시무시한 고통으로 변하게 될 줄은 전혀 상상하지 못하고선….

유전자의
진화

100만 년보다 훨씬 더 먼 과거로 거슬러 올라가보자.

지금으로부터 46억 년 전쯤 지구가 생성되었다. 당시 지구는 온도가 매우 높은 마그마 상태였다. 점차 온도가 내려가면서 대기가 생기고 수증기는 비가 되어 원시 지구의 바다를 이루었다. 대기에 포함된 많은 종류의 원소들로 간단한 유기물이 합성되었고, 이 물질들은 빗물에 녹아 바다로 흘러들어갔다. 그리고 그 안에서 최초의 생명체가 태어났다. 지금으로부터 38억 년 전의 일이다.

그 무렵의 생명체는 아직 제대로 된 '세포'의 형태를 갖추지 못했다. 핵도 미토콘드리아도 없는 원시적인 생물에 불과했다. 이 원시생물이 핵과 미토콘드리아를 가진 단세포생물로 진화하기까지는 수억 년의 시간이 걸렸다. 단세포생물의 시대는 20억 년 넘게 지속되다가 지금으로부터 7~8억 년 전에 드디어 현생 인류와 같은 다세포생물로 진화했다.

그로부터 생물은 다양한 진화 과정을 거치게 된다. 바다에 살던 조개류와 어류 등은 땅 위로 올라와 양서류나 파충류로 분화되었다. 그러면서 '공룡 시대', '포유류 시대' 등으로 지구라는 거대한 무대에서 주인공이 여러 차례 바뀌었다. 생명체의 출현과 진화에 대해서는 다양한 가설이 존재하지만 간략하게 그 과정을 살펴보면 이 정도가 된다.

지구에 생명체가 탄생한 지 37억 9000만 년도 더 지났을 무렵에는 드디어 현생 인류의 직계 조상이 아프리카 땅에 나타났다. 지금으로부터 고작 600만~700만 년 전의 일이다. 계기는 아프리카에 일어난 거대한 지각 변동 때문이었다. 그때 많은 삼림이 소실되자 나무 위에서 평화롭게 지내던 우리 조상은 숲을 나와 지상의 사바나(초원)에서 살아야 했다. 이를 계기로 두 발로 걷는 유인원이 등장하게 되었다고 한다.

그전까지 우리 조상은 숲에 풍부한 나무 열매와 잎을 먹고 살았다. 말하자면 '채식주의자'였던 것이다. 하지만 사바나 지대는 사정이 달랐다. 영양을 효율적으로 이용하려면 고기를 먹어야 했고, 고기를 얻으려면 사냥을 해야 했다. 그리하여 육식을 하게 되었고, 사냥에 쓰는 석기 같은 도구를 만들게 되면서 뇌가 급속히 발달했다. 이런 변화들이 원인(猿人, 100만~300만 년 이전에 생존했던 가장 오래되고 원시적인 화석인류)에서 원인(原人)으로 진화를 가속화한 것으로 보고 있다.

그런데 지금으로부터 200만 년 전에 위기가 찾아왔다. 북반구의 빙상이 빠른 속도로 발달하자 한랭지역이 확대되기 시작했다. 사바나도 더 이상은 편히 살 곳이 못 되었다. 날이 갈수록 심해지는 추위와 식량난을 견디다 못해 우리 조상은 매머드 같은 대형 야생동물을 쫓아 아프리카를 떠나 유라시아 대륙으로 퍼져나갔다. 100만 년 전에 일어난 일이다.

인류를 비롯한 생물체는 그전에도 여러 차례 시련을 겪었다. 강렬한 열과 자외선, 가뭄, 운석, 지각 변동 같은 다양한 절멸의 위기에 처해 굶주림에 시달리다 죽음을 맞았다. 그러나 그 어느 시기도 빙하기만큼 혹독하지는 않았다.

'100만 년 전의 우리'도 그런 시련의 한가운데에 서 있었다. 하루하루를 굶주림과 싸워야 했고 그 싸움은 언제 끝날지 알 수가 없었다. '지금의 나'가 그런 상황에 놓였다면 체력은 물론이고 정신력도 얼마 버티지 못했을 것이다. 그러나 생물체의 유전자는 40억 년 가까운 진화 과정을 거치는 동안 위기에 대처하는 전략을 마련했다. 무슨 일이 있어도 살아남아야 하고 어떻게 해서든 자손을 남겨야 하기 때문이다.

영국의 동물행동학자 리처드 도킨스(Richard Dawkins) 박사의 '이기적 유전자론'에 따르면 인류를 포함한 모든 생물체는 유전자를 보존하기 위한 단순한 운반 도구나 수단에 불과하다. 그렇다면 비록 육체는 사라지더라도 유전자만은 남겨야 하는 것이 모든 생물체의 의무인 것이다.

인간은 자기 자신이나 아끼는 사람이 위급한 상황에 놓이면 믿을 수 없을 정도의 정이적인 힘을 발휘한다. 사실 그 힘은 누구에게나 있지만 안타깝게도 존재조차 모른다. 어떻게 하면 내가 원할 때 그런 엄청난 힘을 낼 수 있을까? 그 해법의 열쇠는 유전자가 쥐고 있다.

위기 상황에 맞닥뜨리면 100만 년 전 세포 속에 잠자고 있던 '생존을 위한 유전자'가 눈을 뜬다. 이때 작동 스위치를 켜면 유전자의 형질이 발현되기 시작한다. 그 덕에 인류는 수많은 위기를 극복하고 멸종을 피할 수 있었다. 그 유전자는 지금도 우리 몸속에 있다!

우리 몸은 60조 개에 이르는 어마어마한 수의 세포로 이루어져 있다. 세포마다 2만 3000개의 유전자가 있지만 늘 사용되는 것은 고작 5%에 불과하다. 나머지 95%는 잠들어 있다. 이 잠들어 있는 유전자에는 다양한 위기 상황을 극복하는 '생존의 힘'이 숨어 있다. 생명체가 진화 과정에서 획득한 능력이다.

생명체는 도대체 어떤 환경이나 상황에서 이런 위대한 힘을 얻게 되었을까?

평가받지 못한
위대한 발견

이야기의 무대를 다시 현대로 옮기자. 미국 코넬대학의 영양학자 클리브 맥케이(C. M. McCay) 박사는 발상이 매우 독특하고 창의적인 연구자다. 그는 쥐를 대상으로 열량 섭취를 평소의 65%로 제한하는 실험을 했다. 그 결과 쥐의 평균수명이 무려 두 배 가까이나 늘어났다[1].

그는 실험 결과를 근거로 "섭취 열량을 줄이면 수명을 늘릴 수 있다"고 주장했지만 사람들의 반응은 차가웠다. 구체적인 실험 동기도 밝히지 않고 저열량식이 수명 연장에 어떻게 기여하는지도 설명하지 않았으니

---

1. McCay, C. M.: The Journal of Nutrition, 1935. 10: p. 63-79.

누구도 선뜻 받아들이기 어려웠을 것이다. 게다가 사람들은 쥐를 대상으로 한 실험 결과를 인간에게 적용할 수 있는지도 못미더워했다.

지금 성인 4명 중 1명이 대사증후군 환자라고 한다. 그만큼 현대인의 비만 수준은 심각하다. 국민건강관리 기관들이 나서서 비만의 위험성을 강조하고 있을 정도다. 하지만 '저열량식'에 대해서는 여전히 소극적이다. 열량 섭취를 줄이면 볼품없이 마르고 기운이 없어진다는 부정적인 선입견도 한몫을 한다. 하물며 지금으로부터 70년도 더 전에 삐쩍 말라 비실비실한 쥐가 오래 산다고 했으니 누가 믿어주기나 했을까?

노화나 장수의 개념은 당시의 연구자들도 기피할 만큼 까다로운 주제였다. 원인이 매우 복잡한 데다 가시적인 연구 성과를 내기까지 오랜 시간이 걸리기 때문이다. 이런 난해한 개념을 원리에 대한 규명도 없이 실험 결과 하나로 정의하려 했던 것 자체가 애당초 무리였다.

그 후로도 저열량식에 대한 반응은 여전히 냉담했지만 연구자들은 쥐 이외의 다른 동물들을 대상으로 저열량식이 수명 연장에 미치는 효과를 입증하고, 대규모 역학조사를 통해 저열량식과 장수와의 관련성을 밝혀냈다. 그때마다 사람들은 결과의 보편성을 인정하려 들지 않았다. 그저 실험이나 조사에서나 나오는 특별한 현상으로만 여겼다.

위대한 발견은 위대하다는 이유로 오히려 대중의 이해나 평가를 얻기 어려운 모양이다. 코페르니쿠스가 지동설을 주장했을 때도 마찬가지였다. 이해는커녕 비웃음만 사고 성서의 가르침에 위배된다며 엄청난 비난과 공격을 받지 않았던가. 그러나 지금은 어느 누구도 코페르니쿠스의 지동설이 천문학사에 길이 남는 중요한 발견이라는 것을 부정하지 않는다.

맥케이 박사의 발견 역시 당시에는 아무도 알아주지 않았지만, 수명과 노화의 수수께끼를 풀기 위해 과감하게 내딛은 위대한 첫걸음이었음을 지금은 당당히 인정받고 있다.

저열량 먹이로
장수한 원숭이

1980년대 후반에 발표된 일련의 연구 결과들은 맥케이 박사의 노력이 헛되지 않았음을 보여주었다. 생물학을 비롯해 면역학, 의학 등 여러 분야에서 선충, 초파리, 쥐 등을 이용한 실험으로 저열량식이 수명을 늘린다는 사실을 확인한 것이다.

선충이나 초파리 등은 인간과 거리가 멀어 보이지만 유전자만 놓고 보면 그렇지도 않다. 이들의 유전자는 인간의 유전자와 70% 이상이나 일치하기 때문이다. 그래도 미덥지 않다면 영장류인 붉은털원숭이를 이용한 실험을 살펴보자.

1987년에 미국 위스콘신대학 연구팀은 붉은털원숭이를 두 그룹으로

저열량 먹이를 먹은 원숭이(왼쪽)와 일반 먹이를 먹은 원숭이(오른쪽)[2]

나누어 한 그룹에는 일반적인 먹이를 주고, 다른 한 그룹에는 비타민 등의 영양소는 그대로 둔 채 열량만 30% 줄인 먹이를 주기 시작했다. 연구팀은 붉은털원숭이가 나이 들어 노화 현상이 뚜렷해진 2009년에 두 그룹의 건강 상태 등을 비교 관찰한 결과를 발표했다. 두 그룹은 한눈에 봐도 차이가 뚜렷했다. 약 20년 동안 일반 먹이를 먹어온 원숭이는 털이 하얗게 세고 얼굴에는 주름이 깊게 팬 것이, 누가 봐도 늙은 원숭이의 모습이었다. 그에 비해 저열량 먹이를 먹어온 원숭이는 털에 윤기가 나고 흰털이나 주름도 적어 한참이나 젊어 보였다(아래 사진 참조).

　겉모습뿐만 아니라 움직임도 차이가 났다. 일반 먹이를 먹어온 원숭이

---

2. Research is being conducted at the University of Wisconsin-Madison.

는 나이가 들수록 살이 찌고 등이 굽어서 동작이 느리고 둔했다. 반면 저열량 먹이를 먹어온 원숭이는 움직임이 날렵하고 활발했다. 두 그룹을 나란히 두고 보면 부모, 자식이나 할아버지와 손자 사이인 줄 착각할 정도였다. 이로써 저열량식이 노화를 억제하고 수명을 연장한다는 사실이 선충과 초파리, 쥐에 이어 영장류에서도 확인되었다[3].

저열량식의 효과가 이처럼 여러 동물에서 공통적으로 입증된 점으로 미루어 현재 우리 몸에서도 하나의 체내 시스템으로 작용하고 있을 것이다. 실제로 저열량식과 장수의 관련성을 인정할 수 있는 사례는 매우 많다. 예를 들면 장수 국가 일본에서도 평균수명 1위를 자랑하는 오키나와의 주민들은 장수의 비결로 '거친 음식'을 꼽는다.

오키나와에는 예부터 유명한 향토요리가 있다. 그 요리는 돼지고기가 들어가 비타민과 콜라겐이 풍부하지만 서민들은 명절에나 겨우 맛볼 수 있었고, 오히려 평소에는 주식인 감자류와 오키나와에 자생하는 들풀이나 약초로 만든 나물과 국을 먹었다고 한다. 그런데 이러한 '거친 음식'이야말로 전쟁 후의 식량난을 견디고 100세 넘게 장수를 누릴 수 있게 한 원동력이었다.

그런데 장수 마을 오키나와에 이변이 일어나고 말았다. 2000년에 조사한 결과를 보면 여성의 평균수명은 예전과 다름없이 전국 1위였으나 남성의 평균수명은 4위에서 26위로 곤두박질했다. 알고 보니 식생활의 변화가 주된 원인이었다. 우선 섭취 열량이 크게 늘었다. 전쟁 직후에는

---

3. Guarente, L.: Nature, 2006. 444: p. 868-74.

일본 본토의 80% 정도였으나 2000년에는 전국 평균을 웃도는 106%나 되었다. 게다가 전후에 미국에서 들어온 콘비프(쇠고기에 소금 등으로 염장한 후 쪄서 조미료, 향신료 등을 섞은 것) 같은 육류 가공품과 패스트푸드가 유행하면서 오키나와 주민들의 식생활은 거친 음식에서 고열량·고지방식으로 바뀌었다. 그 영향은 여성보다 외식이 잦은 남성에게 두드러지게 나타났다.

잘못된 식생활이 평균수명을 줄인 이 사례는 오키나와 주민뿐만 아니라 우리 모두에게 보내는 엄중한 경고일 것이다.

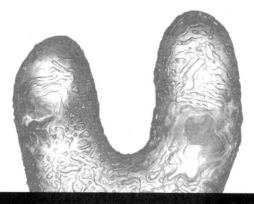

02 | 노화의 메커니즘을 밝힌 연구들

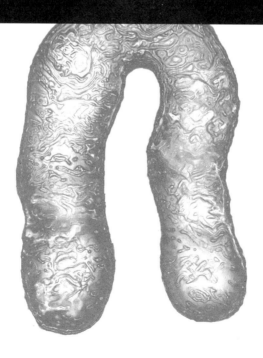

신념과 열정으로 이뤄낸
위대한 성과들

사람들은 과학자나 연구자에 대해 어떤 모습을 상상할까? 드라마에서처럼 흰 가운을 입고 온종일 연구실에 틀어박혀 현미경만 들여다보고 있을까? 정말 세상일에는 도통 관심이 없는 걸까? 아니면 자신이 좋아하는 일로 돈까지 버는 운 좋은 사람들일까?

분야를 막론하고 '이런 직업인은 이런 사람'이라는 전형이 존재하는 경우는 의외로 드물다. 어떤 직업이라도 곁에서 보거나 상상하는 것만큼 단순하지 않기 때문이다. 마찬가지로 과학자나 연구자들도 일반인들의 생각처럼 운 좋고 편하기만 한 사람들이 아니다.

연구를 하려면 기본적으로 '예산'이 필요하다. 예산을 확보하려면 말

그대로 '예산 확보가 쉬운 연구 주제'를 선택해야 한다. 연구 세계에도 정치와 경제가 존재하며, 수요와 공급이라는 시장 원리도 적용된다. 채워야 할 할당량과 달성해야 할 목표도 있다. 연구 성과물인 논문도 맨 먼저 가장 권위 있는 과학 전문지에 발표해야 비로소 가치를 인정받는다.

이런 치열한 경쟁 속에서 연구자들은 단 하나의 사실을 도출하거나 규명하기 위해 끊임없이 실험하고 조사하고 분석한다. 그야말로 신념과 열정 없이는 지속하기 어렵다. 하물며 어느 분야의 새 지평을 여는 위대한 발견을 하려면 기꺼이 수도자의 고행을 감수해야 한다.

발견에는 반드시 '우연'이 따른다고들 한다. 연구자의 사전에도 과연 '우연'이란 말이 있을까? 위대한 발견 뒤에는 '실수로 다른 약품을 쓰는 바람에 우연히', '전혀 상관없는 실험을 하다 우연히', '한동안 잊고 잊다가 우연히'와 같은 에피소드가 적지 않다. 어마어마하게 많은 요소나 물질 중에서 단번에 원하는 것을 찾아냈을 때는 '운 좋게'라는 말을 덧붙인다. 하지만 연구라는 세계는 '우연'이나 '행운'이 여기저기 굴러다니는 곳이 결코 아니다.

붉은 꽃이 가득 핀 꽃밭에 어느 날 파란 꽃이 한 송이 피었어도 평소에 꽃밭을 자주 살펴보지 않았다면 그냥 지나치기 쉽다. 어쩌다 알아챘더라도 그 가치를 모르면 나중에 온 사람이 먼저 따버릴 것이다. 그러니 연구자는 눈앞에 벌어지는 사소한 현상도 주의 깊게 관찰하는 습관이 있어야 한다. 영감이 떠오르길 기다리기만 해서는 안 된다. 항시 직관력과 창의력을 가동해야 발견의 기회를 잡을 수 있다. '우연'도 '행운'도 자신이 닦은 길 위에만 존재하는 것이다.

과학의 세계에서 '발견'은 그것이 착각이나 오류가 아니라는 확실한 근거를 제시해야 비로소 인정을 받게 된다. 어쩌면 그 과정이 발견 자체보다 더 어려울 수 있다. 특히 장수와 관련된 유전자의 실체를 규명하는 일은 곧 노화의 메커니즘을 밝히는 까다롭고 난해한 작업이다.

지금부터 소개하는 내용은 1990년대부터 봇물 터지듯 잇달아 발견된 노화 조절 유전자, 즉 '장수유전자'에 관한 이야기다. 장수유전자를 발견하고 수명과의 관계를 밝혀내는 치밀한 과정과 그에 얽힌 흥미로운 에피소드를 살펴보면 노화 현상의 본질을 좀 더 쉽게 이해할 수 있을 것이다.

우리 몸은
어째서 늙는 것일까?

"나이는 못 속여. 늙으면 어쩔 수 없지."

제 입으로 말해놓고도 참 섭섭하고 서글프다. 얼마 전까지만 해도 연구자들조차 노화를 '누구에게나 일어나는 돌이킬 수 없는 퇴행성 변화와 기능 저하'라고 정의했다. 그러니 보통 사람들이 노화를 부정적으로 바라보는 것도 무리가 아니다.

노화의 원인과 과정을 설명하는 가설은 매우 많다. 그중 하나가 '마모설'이다. 자주 입는 옷이 금세 해지듯, 날마다 쓰는 물건들이 쉬 고장 나듯, 우리 몸도 오래 사용하면 닳고 헐거워지고 기능이 떨어져서 노화된다는 것이다. 주된 요인은 환경에서 오는 외적 스트레스, 세포 내에 발생하는 열과 활성산소 등으로 인한 지속적인 손상이다. 마모설에 따르면 노화는 지극히 자연스러운 현상이라서 막거나 거스를 수가 없다.

마모설은 노화를 마치 물질의 구조와 성질을 밝히듯이 물리학적으로 분석해서 나온 이론이다. 이 가설이 등장했던 시대에는 수명이나 노화에 그다지 흥미가 없는 생물학자나 유전학자도 많았던 모양이다. 그 덕에 마모설은 오랫동안 물리학적 사고의 틀에 갇혀 있어야 했다.

마모설 이후에도 노화 현상을 설명하는 여러 가지 가설들이 나왔다. 예를 들면 완전히 배설되지 못한 노폐물이 체내에 누적되어 세포를 손상시키고 이로 인해 신체 기능이 약화되어 노화된다는 '세포 내 독소(노폐물) 축적설', 면역력이 떨어져서 노화가 촉진된다는 '면역력 저하설', 나이가 들수록 호르몬의 분비량이 줄어 신체 기능에 변화가 생기고 이것이 노화를 일으킨다는 '신경호르몬설', 세포 분열이 반복되는 동안 유전자에 오류가 발생하고 이 결과들이 쌓여 노화의 원인이 된다는 '유전자 복제 오류설' 등이 있다.

1956년에는 미국 네브라스카대학의 데넘 하먼(Denham Harman) 박사가 체내에서 발생하는 활성산소가 노화를 촉진한다는 '산화적 손상설'을 발표했다. 쇠가 녹슬거나 껍질을 벗긴 사과가 갈색으로 변하듯 인간의 몸도 활성산소에 의해 산화되어 녹이 슬거나 낡고 기능이 떨어져서 노화된다는 개념이다. 이 이론은 다양한 노화 가설 중에서도 특히 근거가 되는 실험적 자료가 많기 때문에 노화의 원인으로 널리 인정받고 있다.

노화 가설 중에서 요즘 주목받는 이론은 '텔로미어설'이다. 텔로미어(telomere)란 세포의 염색체 양 끝에 존재하는 단백질 성분의 핵산 서열로, 세포가 분열할 때마다 조금씩 짧아진다. 사람의 세포가 일정 횟수 이상 분열할 수 없는 이유도 이 현상 때문이다. 세포는 끊임없이 분열하는데 그때마다 텔로미어의 일부가 복제되지 않고 갈수록 분열의 범위가 커져서 마침내 텔로미어가 일정 길이 이하로 짧아지면 세포가 더 이상 분열하지 못하고 수명을 다하기 때문에 노화가 진행된다는 것이 텔로미어설이다.

살펴본 것처럼 노화의 원인에 대해서는 수많은 가설이 존재하지만 노화 현상의 다양한 측면을 모두 설명할 수 있는 공통적 이론은 아직 없다. 그래서 여러 가설에서 주장하는 원인이 상호 또는 복합적으로 작용해 나타난 결과로 노화 과정을 해석하기도 한다.

현 시점에서 과학자들이 실험으로 증명된 결과를 기준으로 가장 유력한 노화 가설로 꼽는 것은 '산화적 손상설'과 앞으로 소개할 '노화유전자설'이다. 그렇다면 이들 이론에 근거한 식습관과 생활방식에서도 노화를 막거나 진행 속도를 늦추는 방법을 모색할 수 있다.

노화 촉진 유전자,
age-1

과연 유전자가 생체에 직접 노화 현상을 일으키는 것일까? 아니면 특정 작용의 결과 간접적으로 노화를 초래하는 것일까? 반대로 유전자는 본래 노화를 억제하도록 프로그램되어 있는 것은 아닐까?

노화와 유전자의 관련성을 두고 의견이 분분할 때 깜짝 놀랄 만한 내용의 논문 한 편이 발표됐다. 유전자에 돌연변이가 생긴 선충이 정상 선충보다 1.7배, 길게는 2.1배까지 오래 산다는 것이다.

1988년에 미국 콜롬비아대학의 토마스 존슨(Thomas E. Johnson) 박사는 예쁜꼬마선충에서 이 돌연변이 유전자를 찾아냈다. 그는 이 유전자를 'age-1'이라고 불렀다. 이 유전자에 손상을 주면 노화가 억제되어 오래 살 수 있어서라고 했다. age-1 유전자는 세계 최초로 발견된 '노화 촉진 유전자'다[4]. 5년 뒤에는 'daf-2' 유전자가 발견된다(51~53쪽에서 자세히 소개한다).

age-1 유전자는 노화의 일부 작용에만 관여하기 때문에 노화의 본질을 설명하기에는 부족하지만 '물리적 손상이 누적되어 노화가 일어난다'는 마모설을 뒤집기에는 충분했다.

---

4. Friedman, D. B. and Johnson, T.E.: Genetics, 1988. 118: p. 75-86

장수유전자의 발견 뒤에는
예쁜꼬마선충이 있었다

age-1 유전자가 발견된 이후 많은 연구자들이 실험 동물로 선충을 이용하기 시작했다. 선충은 몸 길이가 1mm밖에 안 되는 선형동물이다. 주로 물이나 흙 속에서 세균을 먹고 살지만 동식물에 기생하는 것도 있다. 인체에 기생하는 회충이나 요충도 선충과 같은 무리다.

선충에는 여러 종류가 있는데 유전자 연구에 사용하는 선충은 몸이 투명하다. 현미경으로 보면 춤을 추듯 우아하게 움직이기 때문에 '예쁜꼬마선충(caenorhabditis elegans)'으로 불린다. 하지만 아무리 예쁘고 우아해도 선충은 벌레다. 인간의 노화와 같은 신비롭고 중요한 주제를 왜 하필 선충 같은 하등동물을 이용해서 연구하는지가 궁금할 것이다.

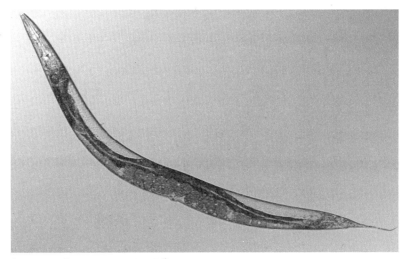
'예쁜꼬마선충'으로 불리는 실험용 선충 [5]

가장 이상적인 실험 모델은 인간이겠지만 인간을 노화 연구의 직접적인 대상으로 삼기에는 여러 가지 어려움이 따른다. 가장 큰 이유는 인간의 노화가 환경적 요인의 영향을 크게 받는다는 것이다. 똑같은 유전자를 가진 일란성 쌍둥이라고 해서 같은 병에 걸리거나 수명까지 같지는 않다. 그렇다고 해서 환경적 요인이 동일한 사람들을 모아 비교 연구를 하는 것은 현실적으로 불가능할뿐더러 비효율적이다. 게다가 길게는 120년이나 사는 인간을 대상으로 노화 과정을 추적 관찰하려면 엄청난 시간과 비용이 든다.

무엇보다 큰 걸림돌은 실험을 위해 인간의 유전자를 변형시키는 것 자체가 윤리적으로 허락되지 않는다는 사실이다.

---

5. 사진 제공 : 石井直明

따라서 가장 효율적인 방법은 조건이 일정한 집단을 쉽게 구성할 수 있고, 노화 과정을 단기간에 관찰할 수 있으며, 인간과 유전자 구조가 유사한 동물을 찾아내 실험 모델로 쓰는 것이다. 예쁜꼬마선충은 이 모든 조건을 만족시키는 이상적인 실험 동물이다.

예쁜꼬마선충의 수명은 21일이다. 인간의 최대 수명을 120년이라고 하면 2000배나 더 빨리 성장이나 노화 같은 생물학적 변화 과정을 관찰할 수 있다. 인간이 실험 모델이라면 10년을 기다려야 알 수 있는 결과를 예쁜꼬마선충이라면 불과 이틀 만에 알 수 있다는 이야기다.

예쁜꼬마선충은 암수의 생식기관이 한몸에 있으며, 세포 수는 고작 959개밖에 되지 않는다. 게다가 몸이 무색투명하기 때문에 현미경으로 세포 속까지 관찰할 수 있다. 유전자 수는 1만 9000개로 인간의 유전자 수(2만 3000개)보다 적고, 그중 74%는 인간의 유전자 구조와 매우 유사하다. 게다가 몸이 작아 좁은 곳에서도 기를 수 있고, 대장균만 배양해두면 따로 먹이를 줄 필요도 없어 여러 모로 고마운 실험 동물이다.

노벨상의 일등 공신, 예쁜꼬마선충

예쁜꼬마선충이 유전학과 생물학 발전에 기여한 공로는 지대하다. 예쁜꼬마선충을 이용한 연구로 세 명의 과학자가 노벨 생리의학상을 받았다.

원래 예쁜꼬마선충은 1960년대에 유전자의 발현과 활동 방식을 연구하기 위해 실험용으로 개발되었다. 당시는 제임스 왓슨(James Dewey Watson)과 프랜시스 크릭(Francis Crick)이 DNA 이중나선 구조를 밝혀낸 직후로 많은 연구자들이 분자 수준에서 유전자를 연구하기 시작했다.

그 무렵부터 영국의 생물학자 시드니 브레너(Sydney Brenner) 박사는 예쁜꼬마선충을 연구 모델로 삼았다. 그는 10여 년에 걸쳐 다수의 돌연변이체를 분리하고 유전자 전체의 염색체 지도를 완성했다. 여기서부터 세 명의 노벨상 수상자가 벌이는 이어달리기가 시작된다.

브레너 박사의 연구 성과에 자극을 받은 존 설스턴(John Edward Sulston) 박사는 바통을 이어받아 예쁜꼬마선충의 세포 전체(959개)를 대상으로 처음에 하나의 구체에 불과한 수정란이 어떻게 분열해 어떤 세포가 되는지를 밝혀냈다. 수정란에서 성체에 이르기까지 유전 정보가 가장 완벽하게 밝혀진 생명체는 아직 예쁜꼬마선충밖에 없다.

그런데 연구 중에 신기한 현상이 일어났다. 예쁜꼬마선충이 성장하는 과정에서 일부 세포가 특별한 이유 없이 중간에 죽어 사라지는 것이었다. 예를 들면, 수컷에는 필요 없는 산도(産道)의 신경세포가 수컷에서만 사라졌다.

사실 이런 현상은 예쁜꼬마선충에만 일어나는 것이 아니다. 올챙이는 뒷다리와 앞다리가 나오고 나면 더 이상 필요 없는 꼬리가 자연히 소실된다. 또 인간의 손가락은 나면서부터 다섯 개로 갈라져 있지만 수정란이 자궁에 착상된 후 초기에는 물갈퀴처럼 서로 연결되어 둥근 주걱 같은 모양을 하고 있다. 나중에 손가락 사이의 세포들이 대부분 죽어 사라지게 되어 다섯 개로 갈라지면서 하나씩 자유롭게 움직일 수 있게 된 것이다.

이처럼 발달 과정에서 손상되거나 필요가 없어진 세포가 스스로 죽음을 선택해 사라지는 것을 '아포토시스(apoptosis)'라고 한다. 아포토시스는 세포자멸사, 세포자살, 세포예정사라고도 하며 특수한 목적에서 작동되도록 유전자에 프로그램되어 있는 세포의 죽음을 뜻한다.

설스턴 박사에 이은 세 번째 주자는 미국의 생물학자 로버트 호비츠(H. Robert Horvitz) 박사다. 그는 아포토시스를 조절하는 주요 유전자의 특성을 밝혀냈다.

2002년에 이들 세 명의 생물학자는 '장기 발달 과정에서 나타나는 세포사멸 프로그램(cell death program)에 관여하는 새로운 유전자의 조절 메커니즘'을 규명한 공로로 노벨 생리의학상을 수상했다.

만약 세포사멸 프로그램을 특정 세포에 적용할 수 있게 된다면 암세포의 죽음을 유도해 암을 치료할 수 있을지도 모른다. 시드니 브레너와 존 설스턴, 로버트 호비츠는 연구를 거듭해 마침내 역사에 길이 남을 위대한 발견으로 질병 정복의 가능성을 제시했다. 이들의 이어달리기가 이처럼 큰 결실을 맺을 수 있도록 끝까지 함께 달린 동반자는 다름 아닌 예쁜꼬마선충이었다.

800세까지 사는
초장수 선충

　실험 동물로 쥐나 초파리 대신 예쁜꼬마선충이 자주 등장하자 인간에 대한 적용성을 중시하는 의학계는 "포유류인 쥐도 아니고, 왜 하필이면 무척추동물인 선충으로 실험을 하느냐?"며 비판의 목소리를 높였다. 그 비난이 무색하게도 예쁜꼬마선충은 이미 분자생물학과 생화학 분야는 물론이고 의학 분야에서도 매우 인기 높은 실험 동물로 자리를 잡았다.

　예쁜꼬마선충을 연구 모델로 삼아 실험을 하는 분자생물학자 중에 미국 캘리포니아대학의 신시아 캐니언(Cynthia Kenyon) 교수가 있다. 그녀는 앞에서 언급했던 daf-2 유전자를, 그것도 일종의 '우연'에 의해 발견했다.

　캐니언 교수는 대장균을 배양한 접시에 예쁜꼬마선충을 기르고 있었다. 그런데 어느 날 보니 실험 후에 깜박 잊고 한동안 그대로 두었던 배양접시 하나가 있었다. 대장균은 일정 기간 분열을 반복하다가 주변에 영양분이 없고 자신의 배설물이 늘어나면 그 상황을 감지해 더 이상 분열하지 않는다. 그 배양접시는 한 달도 넘게 방치돼 있었기 때문에 캐니언 교수는 대장균이 이미 분열을 멈추었을 것이라고 예상했다. 물론 먹을 게 없는 예쁜꼬마선충도 당연히 죽었을 것이었다. 하지만 놀랍게도 그처럼 열악한 환경에서 예쁜꼬마선충은 건강하게 살아 있었다. 대신 평소와 다르게 새끼를 거의 낳지 않아서 배양접시 안은 늙은 선충으로 가득했다. 선충의 상태가 어떻든 간에 이렇게 오래 사는 선충은 처음이었다.

캐니언 교수는 "그 장면을 본 순간 내 인생이 달라졌다"고 회고했다. 그녀는 이 일을 계기로 장수하는 선충에 관해 연구하기 시작했다. 마침내 1993년에 daf-2라는 유전자에 손상을 주면 선충이 2.1배나 오래 산다는 사실을 알아냈다.

daf-2의 'daf'는 '내성 유충 형성(dauer larva formation)'의 줄임말이다. 선충은 유충기에 먹이가 없어지거나 개체수가 지나치게 늘어나면 유전자 발현의 패턴을 바꾸어 '내성 유충'이 된다. 내성 유충이 되면 일반 선충의 평균수명보다 2~3배나 더 오래 살 수 있다. 이때 선충의 개체수를 줄이고 먹이를 주면 다시 원래대로 돌아온다. 이 현상과 관련된 유전자를 'daf series'로 부르는데, 그중 하나가 daf-2 유전자다.

이 유전자에 손상을 주면 수명이 두 배로 늘어난다는 사실이 흥미롭다. 유전자가 손상되거나 돌연변이가 일어나면 암을 비롯한 다양한 질병에 걸린다고 알고 있기 때문이다.

노화의 원인을 완전히 밝혀내지는 못했지만 age-1에 이어 daf-2 유전자를 발견함으로써 유전자 조절로 노화를 어느 정도 제어할 수 있다는 가능성을 확인했다. 다만 그 시점에서는 이들 유전자가 어떤 원리로 수명 연장에 관여하는지 알지 못했다. 그래도 장수와 직접 관련된 유전자를 발견했다는 점에서 전 세계는 큰 박수를 보냈다. 하지만 캐니언 교수는 그 정도로 만족하지 않았다. 다음 연구의 성공을 확신하며 좀 더 오래 사는 선충을 만들기로 했다.

그로부터 불과 5년 후, 그녀의 예상대로 연구는 큰 성과를 거두었다. 이번에는 daf-2 유전자에 더해서 생식을 주관하는 세포에도 손상을 주었더니 예쁜꼬마선충의 수명이 무려 8배나 늘어났다. 그 후로도 캐니언 교수는 다양한 유형의 daf 유전자를 조합해 실험을 했고, 그때마다 결과를 신속하게 논문으로 발표했다(예쁜꼬마선충은 한 세대가 짧기 때문에 단기간에 연이어 실험을 하고 결과를 내는 데 매우 유리했다).

하버드대학에서 열린 학회에서 나는 운 좋게도 캐니언 교수와 인사를 나누게 되었다. 단상에 서서 예쁜꼬마선충의 사진을 보여주며 한껏 고무된 표정과 자신감 넘치는 태도, 유머 넘치는 말씀씨로 강연을 하던 그녀의 모습에서 무척 강한 존재감을 느꼈다. 하지만 사석에서는 전형적인 미국 여성의 모습 그대로 밝고 쾌활했다. 대체 그녀 안의 무엇이 '인간도 800년이나 살 수 있다'는 대담한 발상과 지칠 줄 모르는 도전정신을 발휘하게 하는 것일까?

모든 일은 하늘을 나는 새를 본 것에서 시작된다

인간의 최대 수명을 100세라고 하면 캐니언 박사가 만든 초장수 선충의 수명은 800세에 해당한다. 지금 내 옆 자리에서 고려시대 장군이 커피를 마시고 있다고 상상해보라. 타임머신이 등장하는 SF영화에나 나올 만한 이야기다.

800세까지 사는 방법을 찾는다고 하면 망상이니 신에 대한 모독이니 하며 비난할지도 모른다. 장수 자체는 부정하지 않아도 그 정도 수명이라면 반대하는 사람도 많을 것이다. 그래서 오해가 없도록 한마디 해두겠다.

힝노화 의힉이 추구하는 궁극적인 목표는 어디까지나 '건강하게 오래 사는 것'이다. 이를 위해 질병을 막고 삶의 질을 유지할 수 있는 여러 가지 방법을 찾고 있는 것이다. 캐니언 박사의 다양한 시도와 노력도 그중 하나다. 함부로 수명을 늘리거나 겉모습만 젊게 만들려는 것이 아니다.

다음은 캐니언 박사가 평소 자주 했던 말이다. 언제부터인가 나도 이 말이 주는 의미에 깊이 공감하게 되었다.

"만약 새가 하늘을 나는 모습을 보지 못했다면 비행기는 발명되지 않았을 것이다(It is unlikely that we have invented airplane without seeing birds fly)."

라이트 형제는 인간도 하늘을 날 수 있을 것이라고 믿었다. 아니, 날고 싶다고 간절히 바랐다. 거대한 점보제트기가 수백 명을 태우고 엄청난 속도로 구름을 가르는 그런 날이 올 것이라고는 상상도 못 했을 것이다. 이처럼 우리의 미래는 인간의 상상을 훌쩍 뛰어넘는 멋진 나날이기를 바란다. 과학과 의학의 존재 이유가 바로 그것이다.

캐니언 교수가 발표한 일련의 연구 결과는 노화가 숙명이 아니라는 것을 말해준다. 진시황 시대부터 인류가 꿈꾸었던 불로장생은 적어도 선충의 세계에서는 꿈이 아닌 현실이었다.

모든 것은 새가 하늘을 나는 모습을 본 것에서 시작되었다. 캐니언 박사는 눈앞의 현상을 간과하지 않았다. 집요하게 원인을 캐고 하나의 발견에 만족하지 않고 계속 새로운 가능성을 찾아 도전했다. 인간이 800세까지 살 수 있다고 말하는 그녀는 결코 허황된 꿈이나 꾸는 로맨티스트가 아니다. 강인한 의지와 자유로운 발상, 성과의 공을 '우연'으로 돌리는 겸손함까지 갖춘 진정한 과학자다.

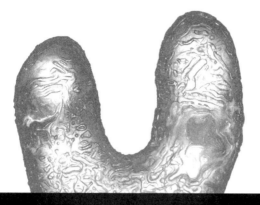

03 | 장수유전자 '시르투인(Sirtuin)'의 발견

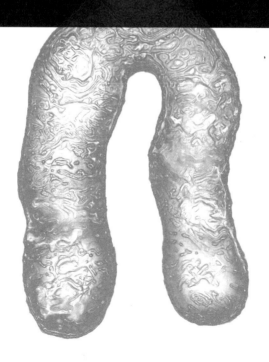

장수유전자를 향한
위대한 행보

학술지 한 권 때문에 이렇게 큰 충격을 받을 줄은 몰랐다. 그때 느낀 놀라움과 흥분이 아직도 가시지 않는다.

〈셀(cell)〉은 1974년에 창간된 권위 있는 국제 학술지로, 생물학 분야의 중요한 발견과 연구 결과들을 소개한다. 나를 충격에 빠뜨린 것은 〈셀〉 2005년 2월호다. 노화에 관한 특집 기사 'Reviews on Aging'이 실렸는데, 우선 표지부터 독특했다. 〈셀〉의 표지로는 드물게 흑백 그림이었기 때문이다. 얼핏 보면 젊은 여인의 옆 얼굴 같지만 다시 보면 노파로도 보이는 착시가 일어나는 그림이다.

내 교수실 책장에는 늘 빈자리가 부족하기 때문에 다 읽은 책은 곧장

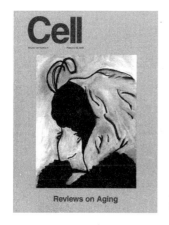

노화에 대한 특집 기사가 실린 〈셀(cell)〉 2005년 2월호 표지
ⓒ ELSEVIER

다른 곳으로 옮겨둔다. 하지만 이 한 권만은 언제라도 손만 뻗으면 금세 꺼내 읽을 수 있는 가장 좋은 자리에 모셔두다시피 하고 있다.

톰 커크우드(Tom Kirkwood)를 비롯해 신시아 캐니언, 레너드 가렌티 (Leonard Guarente) 등 특집 기사의 목차에 등장하는 인물들은 하나같이 노화 연구의 최첨단에 있는 권위자들이다. 이들이 필자라면 이 한 권의 학술지는 21세기 이후 놀라운 속도로 발전한 노화 연구의 집대성이라고 하기에 충분하다. 나는 한 글자도 빠뜨리지 않고 마치 뇌세포 하나하나에 새겨 넣듯 열심히 기사를 읽었다.

마지막 장을 넘기고 나니 느닷없이 필자들을 만나보고 싶어졌다. 이 뜬금없는 생각은 충동이라기보다 예감이나 직감에 가까웠다. 면식도 인맥도 없지만 꼭 만날 수 있을 것 같았다.

간절히 바라면 이루어진다고 했던가. 그로부터 1~2년 사이에 나는 필자 대부분과 만났다.

2년 후인 2007년 3월에는 MIT 생물학부의 레너드 가렌티 교수를 만나

레너드 가렌티 박사

게 되었다. 그는 미래의 노벨상 후보로 꼽히는 과학자다. 당시 나는 항노화에 관한 강연회를 기획하고 있었는데, 마침 해외에서 강사를 초빙하기로 결정이 났다. 서둘러 이메일로 가렌디 박사에게 그 뜻을 전했디니 그는 흔쾌히 허락했다. 이 일을 계기로 가렌티 교수와 만나 노화에 관해 여러 가지 이야기를 나누며 친분을 쌓게 되었다.

지금은 그를 '레니'라는 애칭으로 부를 만큼 가까운 사이가 되었지만 그에 대한 존경은 변함이 없다.

위대한 발견을 위한 기술과 장치

분자생물학을 전공한 가렌티 교수는 유전자 기능의 관점에서 생명의 운영에 관해 연구하고 있었다. 그가 장수유전자를 찾기 시작한 것은 1991년부터다. 1991년은 마침 인간게놈프로젝트가 시작됐던 해다. 인간게놈프로젝트는 30억 쌍이나 되는 인간의 DNA 염기서열을 모두 밝혀내겠다는 장대한 계획이다. 이와 맞물려 분자생물학 분야에서는 DNA 염기서열을 분석하는 기술과 장치들이 개발되고 있었다.

인간의 DNA(디옥시리보핵산)는 A(아데닌), T(티민), C(시토신), G(구아닌)이라는 네 가지 염기 성분의 조합으로 이루어진 생명의 설계도다. 이 설계도는 무려 30억 개의 염기쌍으로 구성되어 있다. 종이 한 면에 염기쌍을 1000개씩 빼곡히 채워서 한 권에 1000쪽짜리 책으로 만들면 총 3000권에 이른다. 소설이라고 해도 평생 읽어도 다 못 읽을 거작이다.

이중나선 구조를 가진 DNA는 전체 길이가 2m 정도로 길지만 히스톤 단백질이 감겨 있기 때문에 여러 번 접힌 상태로 염색체라는 물질을 형성한다. '유전자를 발견한다'는 것은 이 염색체 중에서 A, T, C, G의 조합으로 이루어진 특정 배열을 찾아내는 일이다.

지문과 마찬가지로 사람마다 DNA가 서로 다르기 때문에 이를 DNA 지문 또는 유전자 지문이라고 한다. DNA 지문 분석은 주로 범죄 수사나 친자 확인 등에 사용된다. 몇 개월씩 걸리던 분석 기간이 1990년대 중반부터 크게 줄어들었는데, 그 이유는 PCR(polymerase chain reaction, 중합효소연쇄반응)이라는 기술과 그 장치가 개발된 덕분이다. PCR은 DNA 중합효소를 이용해 DNA 사슬 중에서 원하는 부분만을 인위적으로 증폭하는 기술이다.

PCR 장치는 DNA 한 가닥을 수십억 개의 가닥으로 복제할 수 있는 일종의 'DNA 전용 고성능 복사기'다. 특정 유전자를 조사하려면 먼저 DNA 두 가닥의 사슬을 끊어 분리한 후 원하는 유전자의 DNA를 골라내야 한다. 겨우 골라냈어도 너무 작기 때문에 눈으로 확인할 수 있는 크기, 즉 10억 배 정도로 확대 복사를 해야 한다. 2배에서 4배, 8배, 64배… 10억 배까지 가려면 까마득하다.

여기서 말하는 '확대 복사'란 실제로는 DNA의 개수를 '증폭'하는 작업이다. 과거에는 대장균의 DNA 중합효소를 이용해서 이 작업을 했지만 엄청난 수고와 시간이 들었다. 전체 유전체 중에서 원하는 DNA 부분만을 분리해 분석이 가능할 정도의 양으로 만들기까지 보통 1년이 넘게 걸렸다. 그랬던 것이 이제는 PCR 장치를 이용하면 불과 2시간이면 끝난다. 오랜 동안 수고를 감내했던 연구자들이 보면 허무할 정도로 신속하다. PCR을 고안한 캐리 멀리스(Kary Mullis) 박사는 그 공로로 1993년도 노벨화학상을 받았다.

인간게놈프로젝트가 시작되고 PCR 기술과 장치가 개발되면서 분자생물학 분야는 크게 활기를 띠었다. 그때 가렌티 박사는 39세였다. 대학 생물학부의 요직에 몸담은 지 10년이 넘었지만 아직도 인생의 절반 이상이 남아 있다. 어쩌면 장수유전자는 완벽한 장치를 갖춘 무대에 재능과 열정을 겸비한 배우가 서는 그날을 손꼽아 기다리고 있었는지 모른다.

조용한 유전자,
시르투인

가렌티 박사는 장수유전자의 연구 모델로 효모를 선택했다. 효모는 세포가 1개, 유전자는 5000개로 인간과 비교도 안 될 만큼 단순하다. 게다가 수명이 1~2주에 지나지 않아 선충보다 더 짧은 주기로 일생을 관찰할 수 있다. 그런데도 효모의 세포는 인간과 유사한 점이 아주 많다. 릴런드 하트웰(Leland H. Hartwell) 박사도 효모를 모델로 '세포 주기'를 조절하는 핵심 유전자와 단백질을 규명해 2001년도 노벨 생리의학상을 수상했다.

가렌티 박사는 효모를 이용해 실험을 하던 중에 '시르투인(sirtuin)'이라는 유전자가 효모의 수명에 관여한다는 사실을 알게 됐다(시르투인 유전자는 동물 종마다 이름을 다르게 표기한다. 효모와 선충의 경우는 'Sir2'라고 표기하고, 포유류는 'Sirt1'이라고 표기하지만 이해하기 쉽도록 이 책에서는 모두 '시르투인'으로 부르기로 한다). 시르투인의 'Sir'은 'silent information regulator'의 약자다. 이름 그대로 유전자의 작용을 잠잠하게 만드는 유전자군이다.

염색체는 DNA와 히스톤이라는 단백질로 구성된다. 히스톤 단백질은 유전 정보를 담고 있는 DNA를 실처럼 칭칭 감아 유전자의 중요한 정보를 보호한다. 히스톤이 촘촘히 세게 감긴 부분의 유전자는 'silent = 잠잠한' 상태로 있다. 반대로 히스톤에서 풀려 느슨해진 부분의 유전자는 활발하게 기능한다. 유전자의 스위치가 ON(작동) 상태가 되는 것이다. 이것이 바로 '유전자의 발현'이다.

나이가 들면 이따금 인체에 불필요한 유전자가 발현되어 암으로 이어지기도 한다. 이런 현상도 DNA와 히스톤의 결합 방식이 변해 발암 유전자가 발현되거나 암 억제 유전자가 기능하지 못하게 돼서 일어나는 것으로 추측하고 있다.

시르투인 유전자는 히스톤 단백질의 작용에 관여한다. 시르투인 유전자의 존재는 이전부터 알려져 있었지만 크게 주목받지 못했다. 이렇게 중요한 기능이 왜 좀 더 일찍 밝혀지지 않았는지 안타깝지만, 어차피 과학 분야의 위대한 발견은 한 사람이 품은 의문에서 비롯되는 경우가 허다하지 않던가. 가렌티 박사는 분자생물학자이지만 '세포의 노화'뿐만 아니라 '생물 개체의 노화'에도 집착에 가까울 만큼 깊은 관심을 보였다. 그가 가진 노화의 개념은 세포라는 작은 세계에 머물지 않고 신체 기능의 저하나 퇴행성 질환처럼 인간이 겪는 종합적인 노화 현상에 이른다. 아무도 관심을 기울이지 않았던 시르투인 유전자를 연구했던 이유도 노화의 본질을 폭넓게 이해하고 적극적으로 탐구하려 했기 때문이다.

시르투인 유전자가 앞에서 소개했던 장수 관련 유전자 daf-2와 어떻게 다른지 간단히 알아보자. 캐니언 교수가 발견한 daf-2 유전자는 노화 요인의 반응을 촉발하는 '노화 촉진 유전자'라고 할 수 있다. 그래서 daf-2 유전자가 손상되면 수명이 늘어난다. 한편 가렌티 박사가 찾아낸 시르투인 유전자는 활성화될 경우 수명이 늘어나는, 그야말로 '장수유전자'다.

물론 효모에서 얻은 결과를 인간에게 그대로 적용할 수 있을지는 의문이다. 그래서 가렌티 박사를 비롯한 연구자들은 효모 이외의 다른 동물에 대해서도 시르투인 유전자의 존재와 작용을 조사했다. 그 결과 초파리에서는 30%, 선충에서는 50%나 수명이 늘어났으며, 박테리아부터 포유류인 쥐, 마침내는 인간에게도 동일한 작용을 하는 시르투인 유전자가 존재한다는 사실이 밝혀졌다. 이는 시르투인 유전자가 진화 과정에서 반드시 선택되어 지금까지 보존된 보편적인 유전자라는 것을 뜻한다.

시르투인 유전자의 작용 원리

시르투인 유전자는 섭취 열량을 제한하면 발현되는 장수유전자다. 실험을 통해 그 원리를 자세히 알아보자.

가렌티 박사의 연구팀은 열량 제한이 시르투인 유전자의 발현에 어떤 영향을 미치는지를 조사했다. 효모를 두 그룹으로 나누고 한쪽에만 먹이(포도당)의 양을 줄여 섭취 열량을 75%까지 제한했다. 그 결과 열량을 적게 섭취한 그룹이 더 오래 살았다.

결과를 분석해보니 열량을 적게 섭취한 그룹은 그렇지 않은 그룹에 비해 NAD라는 조효소의 양이 훨씬 더 많았다. NAD란 'Nicotinamide Adenine Dinucleotide'의 약자다. 이름은 길지만 간단히 말해 세포의 에너지 대사 과정에서 중요한 역할을 하는 조효소다. NAD는 탄수화물, 지방, 단백질의 분해 반응에 작용한다.

섭취 열량을 제한하면 미토콘드리아 내에 NAD가 많이 생성되고 이로 인해 시르투인 유전자의 활동이 증가한다. 가렌티 박사는 NAD가 없는 시르투인 유전자를 '양복 차림의 슈퍼맨'에 비유했다. 미토콘드리아 내에 NAD가 증가해야 비로소 슈퍼맨이 될 수 있기 때문이다. 요즘 슈퍼맨보다 더 유명한 스파이더맨에게는 NAD가 거미의 파워에 해당한다.

인체에서 NAD는 니아신(비타민B₃)을 원료로 간에서 만들어져 간에 저장된다. 니아신이 결핍되면 구내염이나 피부 염증, 식욕부진, 체력 저하 등이 나타나기 쉽다. 최근에는 니아신 보충제를 복용하면 당뇨병이나 고지혈증, 동맥경화증을 예방하는 데 도움이 된다고 알려져 있다. 또 혈중 콜레스테롤이 낮아지고 심혈관계 질환이 감소한다고 보고된 적도 있다. 이런 질병 예방 효과는 니아신 자체에서 비롯된 것이 아니라 실제로는 니아신이 미토콘드리아 내에서 NAD의 생성량을 늘려 시르투인 유전자를 활성화했기 때문에 나타난 결과로 추측되고 있다. 더구나 항노화 의학자들도 잎새버섯이나 대구알, 가다랑어 등에 풍부한 니아신에 주목해 이런 식품들을 평소에 적극적으로 섭취하라고 권한다.

이를 종합하면 '섭취 열량 제한 → 미토콘드리아 내 NAD 생성량 증가 → 시르투인 유전자 활성화 → 장수'라는 일련의 과정이 명확해진다.

저열량식이 장수유전자를 단련시킨다

가렌티 박사는 시르투인 유전자가 노화를 억제하는 원리에 대해 다양한 관점에서 연구하고 있다. 현재까지 밝혀진 것은 시르투인 유전자가 수명에 관여하는 여러 유전자의 발현을 조절하는 사령탑이라는 점이다. 아포토시스 억제 작용도 그중 하나다.

앞서 말했듯이 아포토시스란 유전자에 미리 프로그램된 세포의 죽음이다. 아포토시스는 개체가 발생 및 분화하는 과정에서는 여러 기관을 만드는 데 기여하지만 성장을 마친 후에는 노화의 원인으로 작용한다. 특히 심장이나 뇌처럼 세포 재생이 거의 불가능한 조직에서는 문제가 더 심각하다. 이런 점에서 시르투인 유전자가 과도한 아포토시스를 억제하는 것도 수명 연장의 중요한 원인으로 볼 수 있다.

한편 시르투인 유전자가 활성화된 쥐는 일반 쥐보다 혈당치가 낮은 것으로 나타났다. 저열량식을 하면 혈당치가 떨어진다고 알려져 있는데 시르투인 유전자를 활성화해도 그와 동일한 효과를 얻을 수 있다. 또 시르투인 유전자가 미토콘드리아의 기능을 활성화한다는 사실도 확인되었다 (미토콘드리아에 관해서는 6장에서 자세히 설명하겠다).

가렌티 박사는 당뇨병이나 암이 생기도록 유전자를 조작해 인위적으로 수명을 단축시킨 쥐를 대상으로 섭취 열량을 제한하는 실험을 했다. 그 쥐들은 질병을 앓기는 했지만 예상보다 더 오래 살았다. 섭취 열량을 줄여서 시르투인 유전자를 활성화시키면, 다시 말해 '장수유전자를 단련시키면' 병 든 쥐도 오래 살 수 있다.

물론 장수가 곧 행복은 아니다. 신체적, 정신적으로 건강해야 오래 사는 의미가 있다. 가렌티 박사는 시르투인 유전자에 대해 '모든 노화 현상을 조절하는 중심 분자(master molecule)'라고 주장한다. 그의 주장이 하나씩 증명될 때마다 질병의 고통 없이 긴 인생을 즐길 수 있는 미래가 점점 더 가까워지고 있다.

시르투인 유전자의
위대한 업적

앞에서 말했듯이 장수에 관련된 유전자는 크게 두 가지로 나눌 수 있다. 하나는 노화를 촉진하는 유전자이고, 다른 하나는 수명을 늘리는 유전자이다. 전자인 노화 촉진 유전자의 대표는 daf-2 유전자이고, 후자인 장수유전자의 대표는 시르투인 유전자이다.

생물은 종마다 노화와 죽음에 이르는 과정이 조금씩 다르다. 그래서 어느 한 종에서 장수유전자가 발견되었더라도 그 유전자가 인간에 대해서도 반드시 같은 효과를 낼 수 있는 것은 아니다. 이런 점에서 시르투인 유전자는 특별하다. 효모에서 처음 발견되었지만 그 후 선충, 초파리, 포유류 일부, 그리고 인간에 대해서도 존재가 확인되었다. 게다가 수명을 늘리는 작용도 효모의 경우와 거의 비슷하다.

시르투인 유전자는 혈당을 낮추는 인슐린의 전달 경로를 억제하거나 미토콘드리아를 제어하는 등 노화와 수명에 관련된 거의 대부분의 반응 경로를 통제하고 조절한다. 말하자면 건강 장수의 열쇠를 쥐고 있는 마스터 유전자의 역할을 하고 있다.

따라서 시르투인 유전자에 관한 연구가 더 진행되면 노화 현상의 메커니즘이 밝혀지고 마침내는 노화와 질병을 예방하고 치료하는 구체적인 방법도 찾게 될 것이다. 현재 거의 확인된 내용을 보면 시르투인 유전자의 명령을 실행하는 단백질(시르투인)을 활성화시키면 당뇨병이나 심장병, 고혈압 같은 대사증후군 관련 질병을 예방·치료할 수 있다.

다른 무엇보다 반가운 것은 의학의 힘을 빌리지 않고 스스로의 노력으로도 시르투인 유전자를 활성화시킬 수 있다는 사실이다. 가렌티 박사가 실험을 통해 증명한 대로 섭취 열량을 70%로 줄이기만 하면 된다(이에 관해서는 9장에서 자세히 설명하겠다).

'100만 년 전'의 인류가 멸종하지 않고 지금까지 살아 있는 이유는 빙하기의 기근으로 섭취 열량이 줄어들자 시르투인 유전자가 활성화되었기 때문이다. 저열량식만으로도 수명이 늘어날 수 있게 된 것은 시르투인 유전자가 100만 년에 걸쳐 이루어낸 위대한 업적이다. 그 혜택으로 혹독한 환경을 견디어 오래도록 살아남았기에 인간이라는 종이 보존되어 지금을 살아가는 것이다.

확고부동한
단 하나의 스토리

가렌티 박사의 특별 강연을 앞둔 며칠 동안 나는 그와 대화하는 시간을 마련하느라 하던 일도 다 멈추었다. 연구실에서도, 함께 식사를 하면서도 내 질문은 꼬리에 꼬리를 물었다. 무엇보다 연구에 대한 그의 전략이 궁금했다. 전략이라는 용어가 적절한지 모르겠지만, 나는 연구목표의 설정과 접근 방법, 사고나 개념의 전개 방식 등이 과학자의 전략이라고 생각한다.

인간게놈은 30억 개가 넘는 기호로 이루어져 있다. 2만 3000개의 유전자 중에서 단 하나만 조사해도 그 노고는 이루 말할 수 없다. 그래서 연구자는 먼저 가설을 세운다. 그리고 그 가설을 검증하기 위해 관찰과 실험을 한다. 물론 가설이 사실이라는 보장은 없다. 그런 의미에서 가설은 '도박'이나 다름없다.

그러나 내가 세운 가설을 확신하지 않으면 수행에 가까운 노력과 수고를 감내할 수가 없다. 그렇다고 맹신하면 미로에 빠지기 십상이다. 인생은 그리 길지 않고 주어진 시간은 무한하지 않다. 결과를 얼른 보여주지 않으면 평가를 받지 못한다. 이런 의구심에 흔들려 자신의 위상을 제대로 파악하지 못하는 연구자도 많다.

가렌티 박사와 이야기를 하다 보면 그가 얼마나 대범한 사람인지 알게 된다. 그는 '자신의 가설에 방해가 되는 정보'를 전혀 문제 삼지 않는다. 그러기는커녕 아예 귀를 닫고 눈을 감는다. 이런 태도를 독선적이라고 비난할 사람도 있겠지만 속을 들여다보면 그렇지만도 않다.

시르투인 유전자가 장수유전자라는 사실은 이미 세계적으로 인정을 받았지만 이에 대한 크고 작은 반론들은 여전히 끊이지 않고 있다. 나는 반론을 제기한 논문들을 하나씩 들어가며 따지듯이 그의 견해를 물었다. 그랬더니 "아니, 그걸 전부 읽었어요? 난 관심도 없는데. 그런데 말이죠. 가즈오 선생은 요즘 어떤 방향으로 노화 연구를 하고 계시나요?"라며 도리어 나의 연구 전략을 물었다.

장수유전자를 연구하기 시작했을 때부터 지금에 이르기까지 그의 머릿속에는 확고부동한 하나의 '스토리'가 있다. '시르투인 유전자는 모든 노화 현상을 소설하는 중심 분자이며, 이를 규명하면 노화의 본질을 파악할 수 있다'는 것이다. 그는 이 스토리를 그저 믿기만 한 것이 아니라 연구의 방향과 목표로 삼았다. 그래서 절대 흔들리지 않고 망설이지 않는다. 그저 앞으로 나아갈 뿐이다.

이쯤에서 나 자신을 돌아봐야 할 것 같다. 지금까지 노화와 장수에 관한 논문이라면 뭐든 가리지 않고 찾아 읽었다. 그것도 모자라 국내는 물론이고 자비로 해외까지 가서 전문가와 만나 정보를 수집했다. 전공과 다른 분야를 연구하려면 처음에는 다 그래야 되는 줄 알았다. 그러나 새로운 정보를 놓치지 않으려고 24시간 눈을 부릅뜨고 있을 수도 없고, 그 모든 내용을 정확히 이해하는 것도 무리였다. 그저 눈앞에 있는 환자를 구하고 싶은 마음에 계획성과 효율성을 따지지 않고 덤벼들었던 것 같다. 이제 슬슬 정보수집가로서의 활동을 졸업하고 나 자신의 스토리를 가져야 할 때가 온 듯하다. 바로 그 시점에 가렌티 박사와 만날 수 있었기에 그와의 만남은 내게 더욱 의미 있고 소중했다.

지금 나는 '눈의 노화'에 관해 몇 가지 가설을 세워 연구하고 거기서 얻은 성과를 임상 현장에 적용하고 있다. 가렌티 박사와 마찬가지로 연구의 관점을 '시르투인 유전자 = 모든 노화 현상을 조절하는 중심 분자'에 두었다. 그랬더니 이제까지 수도 없이 탐구하고 고민했던 대사증후군이나 눈의 노화 현상에 대한 해결책이 차츰 보이기 시작했다. 여러분도 '시르투인 유전자'의 중요성을 알고 그 작용을 이해하면 불필요한 정보에 더이상 휩쓸리지 않을 것이다.

레스베라트롤의
위력

스승의 독특한 성향을 닮아서인지 가렌티 박사의 제자들은 학교를 떠나서도 하나같이 창의적인 발상으로 뛰어난 연구 성과를 올리고 있다. 대표적인 예가 데이비드 싱클레어(David Sinclair) 박사다. 그는 연구생 시절에 시르투인 유전자를 발견하는 데 관여했다.

2003년에 싱클레어 박사는 시르투인 유전자를 활성화시키는 어떤 '물질'을 발견했다. 그 물질은 적포도주 등에 있는 폴리페놀의 일종인 레스베라트롤(resveratrol)이다. 레스베라트롤을 섭취한 효모는 수명이 70%나 증가했다. 저열량 먹이를 먹인 효모와 열량은 그대로 두고 레스베라트롤을 첨가한 먹이를 먹인 효모의 수명에는 차이가 거의 없었다.

데이비드 싱클레어 박사

2004년에는 선충에 대해서도 동일한 효과를 확인했다.

그러나 이 놀라운 실험 결과가 당시에는 그다지 관심을 끌지 못했다. "효모에게나 있을 수 있는 일"이라는 비아냥거림에 싱클레어 박사는 포유류인 쥐를 이용해서 효과를 재확인하기로 했다. 실험에서는 쥐를 두 그룹으로 나누어 양쪽 모두 고열량 먹이를 주되 한쪽에만 레스베라트롤을 첨가했다.

고열량 먹이를 먹은 그룹은 점점 살이 찌더니 혈중 인슐린 농도와 당수치가 크게 올랐다. 지방간과 간 비대증이 나타나고 운동 능력마저 떨어져 완벽한 대사증후군 쥐로 자랐다. 게다가 무려 153개나 되는 유전자에 변이가 생겼다. 쥐의 수명은 보통 2~3년 정도이지만 고열량 먹이를 먹은 쥐들은 정상 쥐보다 사망률이 20%나 높았다. 특히 중년에 막 접어든 생후 70주 무렵에 많이 죽었다.

그런데 똑같은 고열량 먹이에 레스베라트롤을 첨가해서 주었던 쥐들은 살은 쪘지만 병리적인 변화는 거의 나타나지 않았다. 변이가 일어난 유전자도 9개에 불과했다. 레스베라트롤로 유전자 144개의 변이를 막을

수 있었던 것이다. 이 쥐들은 살이 쪘지만 운동과 생리 기능은 정상인 상
태로 건강하게 오래 살았다.

싱클레어 박사는 이 실험 결과를 2006년에 영국의 과학 전문지 〈네이
처〉에 발표했다.

비즈니스 모델로서의
장수유전자

〈네이처〉에 실린 싱클레어 박사의 실험 결과는 가렌티 박사의 장수유전자 발견에 이어 대단한 화젯거리가 되었다. 그 덕에 미국에서는 레스베라트롤 열풍이 불었다. TV와 잡지는 앞다투어 레스베라트롤에 관한 특집 프로그램과 기사를 냈다. 그때 마침 나는 미국 안과학회의 총회에 참석하느라 라스베이거스에 있었는데, 거기서도 온통 레스베라트롤 이야기뿐이었다.

레스베라트롤은 포도, 땅콩 껍질, 적포도주 같은 식품에 들어 있다. 적포노주의 건강 효과는 당시에도 잘 알려져 있었다. 적포도주의 폴리페놀이 암을 비롯한 생활습관병을 예방하는 데 도움이 된다거나, '프렌치 패러독스(프랑스 사람들이 고지방식을 즐겨 먹는데도 심장병 발병률이 낮은 현상)'가 폴리페놀에 함유된 항산화물질 때문이라는 이야기도 유명했다.

레스베라트롤은 적포도주가 가진 여러 가지 유효 성분의 하나일 따름이다. 그런데도 그토록 많은 사람들의 관심을 끈 이유는 레스베라트롤이 시르투인 유전자를 활성화시키기 때문이다. 이런 독특한 작용은 적포도주가 생활습관병을 막는 데도 기여한다.

레스베라트롤이 크게 주목을 받자 세계 여러 대학과 연구기관, 기업까지 나서서 레스베라트롤의 효능을 연구하기 시작했다. 곧이어 레스베라트롤이 대사증후군은 물론 암과 알츠하이머병, 파킨슨병 등의 예방에 효과가 있다고 보고했다. 내 연구팀은 레스베라트롤이 눈의 염증을 억제한다는 사실을 알아내고 안과질환에 대한 치료 가능성을 검토하고 있었다.

이처럼 레스베라트롤의 효능이 잇달아 확인되자 드디어 레스베라트롤을 이용한 신약 개발이 시작됐다. 효과가 확실하고 부작용이 적은 안전한 생활습관병 예방약이 나온다면 비아그라를 넘는 블록버스터 신약이 될 수도 있다.

싱클레어 박사는 이미 2004년에 '서트리스(Sirtris)'라는 제약회사를 설립했다. 2006년에 〈네이처〉에 발표한 논문이 유명세를 타자 그에 힘입어 이듬해 2007년에는 나스닥 상장에도 성공했다. 일본에는 한때 레스베라트롤이 다이어트에 효과가 있다는 잘못된 소문이 퍼진 적이 있었다. 그러나 새로운 항노화 성분으로 밝혀지자 요즘에는 레스베라트롤이 배합된 화장품이나 보충제 등이 판매되고 있다.

그런데 최근에 레스베라트롤보다 효과가 더 뛰어난 물질이 발견되었다. 이 물질은 시르투인 유전자를 활성화시키는 작용, 즉 수명 연장 효과가 레스베라트롤의 1000배나 되며, 2008년 4월에 미토콘드리아 뇌근증 치료제로 FDA(미국 식품의약국)의 승인을 받았다. 난치병 등에 쓰는 희귀 의약품(orphan drug)이라서 아직은 제한적으로 사용되고 있지만 앞으로 응용 범위가 넓어질 것으로 기대된다.

2008년에 세계적인 제약회사 글락소스미스클라인(GlaxoSmithkline Plc.)은 싱클레어 박사가 세운 서트리스를 7억 2000만 달러에 사들였다. 꿈에서나 나올 법한 '장수유전자'가 현실에서는 성공적인 비즈니스 모델이 된 것이다. 장수유전자가 수명 연장뿐만 아니라 질병의 예방과 치료에도 관여한다는 점에서 기대감은 더욱 커지고 있다.

레스베라트롤
섭취에 대한 조언

안과학회를 마치고 미국에서 돌아온 후 나는 한동안 와인 마니아로 살았다. 평소에도 몸에 좋다는 건 다 챙겨 먹는 내가 레스베라트롤의 위력을 알았으니 그냥 있을 수는 없었다. 그런데 문제는 레스베라트롤의 효과를 얻으려면 엄청난 양을 섭취해야 한다는 점이었다. 싱클레어 박사의 실험에서 수명 연장 효과를 나타낸 레스베라트롤의 양을 적포도주로 환산하면 하루에 약 100병이나 된다.

물론 하루에 그만한 양을 다 마실 수는 없겠지만 레스베라트롤의 효과만 믿고 과음하는 사람이 생길까 걱정이 된다. 적포도주도 술이다. 많이 마시면 건강에 좋을 리 없다. 자칫 알코올의존증에 빠질 수도 있으니 과음은 금물이다. 앞서 말했던 '프렌치 패러독스'를 생각하면 가볍게 마시는 정도라도 웬만큼은 효과가 있지 않을까 싶다.

레스베라트롤은 땅콩의 떫은 껍질에도 들어 있다. 그래서 이번에는 땅콩에 도전하기로 했다. 그냥 알맹이째 먹으려 했더니 열량 섭취가 늘어난다며 딸이 옆에 앉아 껍질만 까서 주었다. 그런데 땅콩 껍질을 먹는 일이 생각보다 쉽지 않았다. 차라리 콩비지라면 어떻게든 먹어보겠는데 땅콩 껍질은 간장에 찍어도 마요네즈를 발라도 도저히 입에 맞지 않았다. 결국 땅콩 껍질을 먹는 것은 포기했다. 백포도주에 쌀과자를 잔뜩 먹는 것보다는 적포도주에 땅콩을 껍질째 먹는 것이 장수유전자를 단련하는 데 도움이 된다는 유익한 '정보'를 얻은 것에 만족하기로 했다.

문득 가렌티 박사가 했던 말이 생각나 조금 위안이 된다.

"레스베라트롤의 효과에 전적으로 의존하지 말고 저열량식과 운동을 통해 대사를 촉진해서 시르투인 유전자가 자연스럽게 활성화되도록 하세요. 운동 부족으로 대사증후군이 된 사람이 인위적으로 시르투인 유전자를 활성화시킨다고 해서 평소에 지방이 쌓이지 않도록 생활습관을 관리하는 사람만큼 건강해질 수는 없겠지요. 규칙적으로 운동하고 바른 식습관을 지키면서 보조적으로 레스베라트롤을 섭취하는 것이 좋습니다."

가장 유력한 노벨상 후보로 꼽히는 레너드 가렌티 박사. 그가 가진 스토리가 앞으로 어떻게 전개될지 계속 지켜볼 생각이다.

또 다른 관점의 장수론,
생체희생설

1977년 당시 24세였던 영국의 톰 커크우드 박사는 욕조에 앉아 있다가 문득 생명체가 무엇 때문에 늙는지 궁금해졌다. 그때 갑자기 그 '무엇'이 떠올랐다. 흥분한 나머지 아르키메데스처럼 벌거벗은 채 밖으로 뛰어나가 "유레카!"를 외칠 뻔 했다고 한다. 그는 머릿속에서 번뜩이던 생각을 '생체희생설(Disposable Soma Theory)'로 정리했다. 이 이론은 그해 〈네이처〉에 발표되어 많은 화제를 모았다.

'노화는 원래 유전자에 프로그램되어 있지 않다.'

이것이 노화에 대한 커크우드 박사의 기본 개념이다. 이 개념에 따르면 세포 자체는 에너지만 충분히 공급받으면 단백질을 합성하며 영원히 살 수 있다. 그런데 왜 늙는 것일까? 그는 생물경제학의 원리로 노화 현상을 설명한다.

우리가 일생 동안 소비하는 에너지는 누구나 거의 일정하다. 이 에너지는 자신의 몸을 양호한 상태로 지키는 '생체 유지'와 자손을 남기는 '생식'이라는 두 가지 목적을 위해 쓰인다. 생체희생설은 한정된 에너지를 생체 유지와 생식 중 어느 쪽에 얼마큼 사용하느냐 하는 배분의 관계에 따라 수명이 결정된다는 가설이다.

'생체 유지'에만 에너지를 사용하면 오래 살 수는 있다. 그러나 아무리 몸이 건강해도 주어진 에너지가 바닥나면 누구나 죽게 된다. 야생동물들은 사고, 질병, 굶주림 같은 예상치 못한 사건 때문에 주어진 에너지를 다 쓰기도 전에 죽는 경우가 많다. 그렇다면 아무리 몸을 튼튼하게 유지해도 손해. 오히려 '생식' 쪽에 에너지를 더 넉넉히 사용하면 '생체 유지'에 쓸 수 있는 에너지는 줄어들지만 대신 자손이라도 남길 수 있다. 여러분이라면 어느 쪽을 선택하겠는가?

내 의지와 상관없이 유전자는 유전 정보를 다음 세대에 전달하려고 한다. 그렇다면 생체는 일회용 매개체에 불과하다. 그래서 생체희생설은 '일회용 체세포 이론'이라고도 한다. 생체가 노화되어 죽더라도 자손이 있으면 유전 정보는 영원히 살아남는다. 유전자는 생체를 노화시키려는 것이 아니라 단지 유전 정보를 남길 가능성이 높은 쪽에 에너지를 사용하려고 한다. 그래서 생체를 유지하는 기능은 불완전해지고 나이가 들면서 생체 손상이 축적되어 노화가 초래된다는 것이다.

당시에는 노화를 주로 유전적 프로그램으로 해석했기 때문에 커트우드 박사가 제시한 이론은 상당한 논란을 일으켰다. 그러나 미국 보스턴대학의 토마스 펄스(Thomas Perls) 교수의 조사 결과는 커트우드 박사의 생체희생설을 강하게 뒷받침하고 있다.

펄스 교수는 100세 이상의 장수인을 연구한 것으로 유명하다. 그는 다수의 장수인 가계를 조사해 수명과 노화에 관한 다양한 연구 결과를 발표했다. 그중에 생식과 관련된 매우 흥미로운 사실이 있다.

40세 이후에 출산한 여성은 80세 이상 살 확률이 높다는 것이다. 이런 여성들은 40세까지 계속 자신의 생체 유지에만 에너지를 사용했던 셈이다. 물론 이러한 사실이 분만에 위험과 부담이 따르는 고령 출산 자체를 권하는 것은 아니다. 이 원리는 열량 제한이 수명 연장에 미치는 효과와 일치한다. 100만 년 전 기아 상태에서도 인류가 살아남을 수 있었던 것은 종의 보존을 위해 자손을 남기기 위해서였다.

노화와 장수를 생체 유지와 생식의 상호관계로 설명할 수 있다는 점에서 가렌티 박사가 제시하는 장수 개념은 커크우드 박사나 펄스 교수의 연구 내용과 많은 공통점이 있다.

age-1 유전자 : 노화 촉진 유전자

● 1988년, 토마스 존슨이 발견

● 유전자에 돌연변이가 일어난 선충의 평균수명이 정상 선충의 1.7배, 가장 길게
는 2.1배까지 늘어났다.

daf-2 유전자 : 노화 촉진 유전자

● 1993년, 신시아 캐니언이 발견

● 선충은 유충기에 먹이가 없어지거나 개체수가 지나치게 늘어나면 유전자 발현
의 패턴을 바꾸어 '내성 유충'이 된다. 내성 유충의 수명은 일반 수명의 2~3
배나 된다. 이 현상과 관련된 유전자를 'daf series'로 부르는데, 그중 하나가
daf-2 유전자다. 이 유전자에 손상을 입히자 선충의 수명이 2배로 늘어났다.
유사한 작용을 하는 유전자로 daf-16 등이 있다.

sirtuin 유전자 : 장수유전자

● 2000년, 레너드 가렌티가 발견

● 세계 최초로 효모에서 발견된 장수유전자로, 활성화되면 수명이 늘어난다. 유전
자 발현을 억제하는 히스톤 단백질의 작용에 관여해 수명을 조절한다. 효모를
비롯한 몇몇 생물 종에서 존재와 작용이 확인되었으며 유전자 이름은 다음과
같다.

　– 효모, 선충 : Sir2

　– 포유류 : Sirt1

2부

장수유전자의
생존 전략

: 100만 년 전 vs. 현대

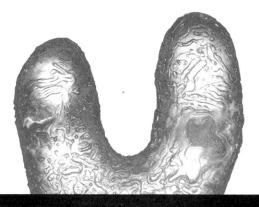

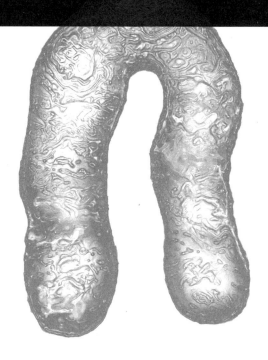

04 | 대사증후군의 교훈

내장지방의
위협

40대에 막 접어들 무렵이었다. 얼마 전까지 잘 입고 다니던 바지가 꽉 조여 무척 답답했다. 그날 이후 허리띠 구멍이 하나둘씩 뒤로 밀려나더니 어느 날 거울 속에 웬 배불뚝이가 서 있었다.

평소에 과식이 잦거나 운동을 게을리 했다면 그나마 이해가 간다. 하지만 내 식사량과 운동량은 젊었을 때와 별 차이가 없었다. 원래 운동을 좋아하기 때문에 다른 건 몰라도 신체활동량만큼은 또래보다 훨씬 더 많았다. 그런데도 배가 자꾸 나왔다. 어쩔 수 없이 나도 전형적인 아저씨 몸매가 되어간다고 생각하니 묘한 섭섭함이 들었다.

중년 이후 눈에 띄게 불어나기 시작하는 이 밉살스런 뱃살의 정체는 피부 밑에 붙는 피하지방이 아니라 내장 주위에 붙는 내장지방이다. 그래서 겉에서는 손으로 잡히지 않는다. 같은 중성지방이라도 피하지방과 내장지방은 대사의 측면에서 크게 다르다. 피하지방은 천천히 쌓이지만 한번 붙으면 잘 빠지지 않는다. 그와 반대로 내장지방은 비교적 쉽게 빠지지만 빨리 쌓이기 때문에 방심하면 금세 배가 불룩 나온다. 대사증후군이 시작되는 것이다.

일본에서는 일본내과학회, 일본비만학회, 일본동맥경화학회 등 8개 학회가 공동으로 대사증후군의 진단 기준을 마련했다. 이 기준에 따르면 배꼽 높이에서 잰 허리둘레가 남성은 85cm, 여성은 90cm 이상이고 중성지방, HDL콜레스테롤, 혈압, 공복 혈당의 네 가지 항목 중에서 두 가지 이상이 표준 범위를 넘는 경우에 대사증후군으로 진단한다.

그러나 겉보기에는 날씬해도 내장지방이 많은 '숨은 비만'도 있기 때문에 단순히 허리둘레만 기준으로 삼는 것에 반대하는 의견도 많다. 이럴 때는 컴퓨터 단층촬영(CT)을 이용하면 복부의 내장지방을 비교적 정확하게 알 수 있다. 대사증후군인 사람의 가슴과 배를 촬영한 CT 영상을 보면 희고 두꺼운 지방 속에 검은 내장이 떠 있는 것처럼 보인다. 이때 근육도 검게 보이기 때문에 내장지방이 늘어난 만큼 근육이 크게 줄어든 모습을 확인할 수 있다.

당뇨병을 '긍정적'으로
해석한다

　요즘 '대사증후군'이란 말을 모르는 사람은 별로 없다. 그런데 이 이름이 붙기 전에 '인슐린저항성증후군'으로 불렸다는 사실을 아는 사람은 많지 않을 것이다.

　대사증후군이라고 하면 대개 눈에 보이는 허리둘레나 몸무게만 따지지만 실제로 대사증후군의 가장 현저한 증상은 인슐린저항성이나 내당능장애(정상과 당뇨병의 중간 단계)다.

　인슐린저항성이란 무엇일까? 우리가 음식물로 섭취한 포도당이 혈액으로 흡수되면 췌장에 있는 랑게르한스섬의 베타세포가 인슐린을 분비한다. 인슐린은 혈당을 낮추는 호르몬으로 알려져 있지만 주된 역할은 신체의 전반적인 대사활동(에너지 대사)을 조절하는 것이다. 예를 들면 근육이나 지방 조직, 간에 작용해 이들 조직이 포도당을 흡수해서 에너지로 사용하거나 지방으로 저장하게 한다.

따라서 인슐린의 양이 부족하거나 기능이 떨어진 인슐린이 분비되면 포도당이 세포로 흡수되지 못해 혈당이 증가한다. 뿐만 아니라 근육이나 장기가 포도당을 충분히 이용할 수 없게 되므로 온몸에 에너지가 부족해진다. 반대로 인슐린이 너무 많이 분비돼도 문제다. 자주 먹으면 그때마다 인슐린이 나오므로 차츰 인슐린의 기능이 떨어진다. 나중에는 일정한 인슐린 농도에서 인슐린에 대한 몸의 반응이 정상보다 감소하게 된다. 이런 상태가 인슐린저항성이다. 간단히 '인슐린 기능이 저하된 상태'라고 생각하면 된다.

인슐린저항성이 심하면 결국 당뇨병이 된다. 그러나 인슐린이 다량으로 분비될 때 인슐린저항성이 높아지지 않으면 인슐린 신호가 과잉 작동해 대사가 지나치게 활발해지기 때문에 신체 기능이 멈추거나 생명을 잃게 된다. 인슐린저항성이나 당뇨병은 현대인의 건강을 위협하는 골칫거리지만, 인슐린저항성 조절 기능은 생명을 유지하기 위한 '생체 방어 전략'이다.

우리 몸에는 다른 모든 신체 기능을 대신할 수 있는 절대적인 기능이나 작용은 없다. 그래서 모든 기능이 균형을 이루어야 제 효과가 나타난다. 그런 의미에서 적당한 인슐린저항성은 수명을 늘리는 데 도움이 된다. 나중에 설명하겠지만 이 사실을 뒷받침하는 장수유전자도 발견되었다.

유전자의
'지방 쌓아두기' 전략

대사증후군이 두려운 가장 큰 이유는 내장지방으로 인해 여러 가지 질환이나 위험인자가 한 사람에게 동시에 나타나기 때문이다. 내장지방이 쌓이면 먼저 혈당이 증가한다. 보통은 이럴 때 췌장에서 인슐린이 분비되어 혈당을 정상으로 조절한다. 그러나 과식이 잦으면 인슐린이 나오더라도 더 이상 혈당이 감소하지 않는다. 이런 상태가 이어지면 췌장이 지쳐 인슐린의 기능도 떨어진다. 그 결과 당뇨병, 고지혈증, 고혈압, 동맥경화증 같은 생활습관병이 겹쳐 일어난다. 마지막에는 심근경색증, 뇌졸중, 심장병, 신장병 같은 생명을 위협하는 질병이 오게 된다.

게이오기주쿠대학 의학부의 이토 히로시(伊藤 裕) 교수는 이 같은 연쇄

반응을 '대사증후군 도미노'라고 불렀다. 그는 대사증후군과 관련된 현상에 여러 가지 이름을 붙였는데 '대사증후군 노화'도 그중 하나다. 시르투인 유전자의 작용에서 알 수 있듯이 저열량식을 하면 대사증후군 도미노와 정반대의 흐름이 생겨 수명이 늘어난다. 이런 점에서 대사증후군은 노화증후군인 셈이다.

일단 대사증후군 도미노가 시작되면 생활습관병과 함께 대사증후군 노화까지 진행되기 때문에 중간에 멈추기가 어렵다. 건강하게 오래 살려면 아예 처음부터 내장지방이 쌓이지 않게 해야 한다는 뜻이다.

대사증후군의 원인

인슐린의 기능을 복습해보자. 인슐린은 호르몬의 일종으로 혈당을 일정하게 유지하는 작용을 한다. 식사 후 혈중 포도당 농도가 올라가면 췌장에서 인슐린을 분비한다. 인슐린은 포도당을 근육세포로 운반해 에너지원으로 이용되게 하고, 간이 포도당을 흡수해 글리코겐이나 지방으로 저장하게 한다.

다시 말해 우리가 섭취한 탄수화물을 효율적으로 흡수해 최대 에너지원인 지방으로 저장하려면 인슐린이 꼭 있어야 한다. 인슐린은 먹을 것을 구하기 어렵거나 기근에 처할 위험이 있을 때 음식의 영양을 한 번에 되도록 많이 저장해두기 위해 필요했다. 굶주림이 흔했던 100만 년 전에는 그 무엇보다 귀하고 고마운 물질이었던 것이다.

그러나 지금은 사정이 다르다. 하루 세 끼를 먹고도 틈틈이 간식까지 챙겨 먹는다. 먹는 대로 부리나케 지방으로 저장해둘 필요가 없다는 뜻이다. 이런 점을 이용해 체중을 조절하는 저인슐린 다이어트가 유행한 적도 있다. 당지수가 낮은 식품을 먹어 인슐린이 과잉 분비되지 않도록 함으로써 지방의 합성을 막아 살이 찌지 않게 하는 것이다.

인체의 세포막에 있는 인슐린수용체는 인슐린의 자극을 감지해 포도당을 세포로 전달하는 일을 한다. 선충에서는 daf-2 유전자가 이 역할을 한다. 그래서 인위적으로 daf-2 유전자를 손상시키면 인슐린 자극을 제대로 감지하지 못하게 되어 몸속에 포도당이 충분한데도 부족하다고 착각을 한다. 그 결과 선충의 몸은 포도당을 낭비하지 않는 '절약 모드'로 들어간다.

흥미로운 사실은 daf-2 유전자가 손상된 변이 선충은 스트레스에 매우 강하다는 것이다. 여기서 말하는 스트레스란 물리적·화학적 변화다. 일단 굶주림이라는 스트레스를 느끼게 되면 체내에 자기방어 시스템이 작동하기 때문에 그 밖의 스트레스(고온, 저온, 산화, 자외선 등)에도 강해지는 것으로 추측된다. 실제로 daf-2 유전자 변이 선충은 일반 선충보다 활성산소를 더 빨리 분해한다고 밝혀졌다. 이런 기능도 daf-2 유전자 변이 선충이 일반 선충보다 두 배나 더 오래 사는 요인으로 볼 수 있다.

우리 몸도 선충처럼 무척추동물이었던 시절에 획득한 유전자를 계속 갖고 있는 것이 아닐까? 내장지방을 쌓아두려는 것은 기아를 극복해 오래 살아남기 위한 전략이다. 이유를 불문하고, 어쨌든 쌓아두는 것이 인슐린의 본성인 것이다.

'지방 쌓아두기'로 수명을 늘렸던 수억 년 전의 장수 전략이 그때와 사정이 크게 다른 지금도 그대로 적용되고 있다. 같은 기능도 환경이 바뀌면 다른 결과를 낳는 법이다. 유전자의 장수 전략은 변화에 대응하지 못한 채 현대인의 건강을 해치고 노화를 촉진하며 장수를 방해하는 방향으로 계속 나아가고 있다.

장수유전자의
오산

　'100만 년 전'의 인체가 맡은 가장 중요한 임무는 자나 깨나 지방을 쌓아두는 일이었다. 그럴 만도 했다. 인류의 100만 년 역사에서 99만 8000년은 굶주림과 함께했기 때문이다.

　농경을 시작해 정기적으로 식량을 확보할 수 있게 된 것이 고작 2000 여 년의 전이다. 그래도 먹을 것은 여전히 부족했다. 일본에서 서민이 하루 세끼를 겨우 먹을 수 있게 된 것이 100여 년 전이라고 한다. 지금처럼 풍요로운 식생활을 누리게 된 것은 고도성장기에 들어선 이후로 기껏해야 50년밖에 되지 않는다. 99만 9950년 동안이나 지속된 '지방 쌓아두기' 전략은 우리의 생명을 유지하고 삶을 지킨 성공적인 생존 전략이었다.

그런데 불과 그 50년 사이에 인류의 수명은 30년 가까이나 늘었다. 판도라의 상자가 열리고 만 것이다. 당뇨병이나 동맥경화증과 같이 100만 년 전에는 상상도 하지 못한 질병들이 무서운 기세로 퍼지기 시작했다. 오로지 살아남기 위한 궁여지책이었던 '생존 전략'이 질병을 무기로 우리 몸을 궁지에 몰아넣었다. 제아무리 대단한 장수유전자도 이런 사태가 벌어질 줄은 예상하지 못했다.

지금은 무용한 '지방 쌓아두기' 전략

생존 전략의 실패로 우리 몸에는 여러 가지 악영향이 나타나고 있다. 예를 들어보겠다.

세포는 세포막이라는 얇고 튼튼한 방어막으로 둘러싸여 있다. 세포막에 인슐린수용체가 있다. 인슐린수용체는 세포 밖에 있는 인슐린과 결합해 인슐린 신호를 세포 안으로 전달한다. 세포 안에는 리보솜이나 소포체, 리소좀과 같이 단백질 합성과 분해에 관여하는 기관과, 에너지를 생산하는 미토콘드리아 등 다양한 소기관이 있다. 그중에서 가장 넓은 면적을 차지하는 것이 유전 정보를 지닌 '핵'이다. 핵은 여러 세포 기관들의 관리동 역할을 한다.

핵 속에는 '폭소(FOXO)'라는 물질이 있다. 폭소는 DNA의 유전 정보를 복제하는 전사 인자의 하나다. 앞에서 노화 가설의 하나로 '산화적 손상설'을 들었다. 활성산소가 다양한 생체 구성 물질들의 산화를 촉발해 노화를 야기한다는 것이다. 그런데 이 폭소라는 물질이 활성산소로 인한 산화적 손상을 막아준다.

인체에서 활성산소가 발생하면 폭소는 활성산소를 억제하는 유전 정보를 복제해 활성산소를 억제하는 효소를 만들라거나 활성화시키라는 지시를 내린다. 말하자면 폭소는 활성산소 제어 시스템의 사령탑인 셈이다. 그런데 폭소가 어쩔 수 없이 제 기능을 못 하게 되는 상황이 있다.

우리가 음식을 먹으면 췌장에서 인슐린이 분비된다. 인슐린이 세포막에 있는 인슐린수용체와 결합해 세포 안으로 인슐린 신호를 보내면 조용하던 세포 안이 갑자기 분주해진다. "큰일 났어. 빨리 밥을 먹어야 돼. 지방을 쌓아두란 말이야. 지금은 활성산소 따위에 신경 쓸 때가 아니라고!"라며 우리 몸은 부리나케 우선 지방부터 쌓아두려고 한다. 그 바람에 폭소는 하려던 일도 못 하고 핵 밖으로 물러난다. 이 때문에 활성산소가 제거되지 못해 세포는 산화되고 그로 인해 노화된다. 그런데도 우리 몸은 여전히 만사를 제쳐두고 '지방 쌓아두기'에만 매달린다.

이것이 '100만 년 전'의 일이라면 이해가 간다. 언제 또 굶주리게 될지 모르니 먹는 대로 얼른 지방으로 쌓아두어야 나중에 에너지로 쓸 수 있기 때문이다. 당시에는 먹는 것 자체가 곧 지방을 비축할 수 있는 절호의 기회라고 여겼었다. 물론 100만 년 전에나 유용했던 전략이다. 그러나 지금은 통하지 않는다.

저녁밥을 든든히 먹고 나서 TV 앞에 앉아 쉴 새 없이 입으로 감자 칩을 옮기고는 야식으로 닭튀김과 맥주까지 챙겨 먹는 현대인의 몸에서는 과연 어떤 일이 벌어지고 있을까? 늘 뭔가를 먹어대니 세포 안으로 인슐

■:::■ **인슐린 신호에 따른 폭소(FOXO)의 변화**

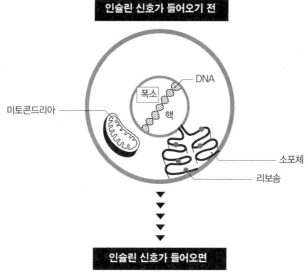

인슐린 신호가 들어오기 전

미토콘드리아

폭소

DNA

핵

소포체

리보솜

▼
▼
▼
▼

인슐린 신호가 들어오면

폭소는 핵 밖으로 나가 제 기능을 못하게 된다

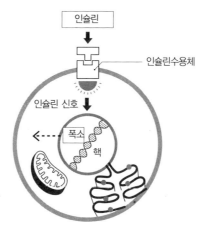

인슐린

인슐린수용체

인슐린 신호

폭소

핵

린 신호가 잇달아 들어오고 그 때문에 폭소는 늘 핵 밖으로 물러나 있어야 한다. 활성산소 제어 시스템이 제 기능을 못하는 사이에 활성산소는 몸 곳곳에서 세포를 손상시켜 늙게 만든다. '지방 쌓아두기'만이 살 길이라며 악착같이 영양을 흡수하려 했던 '100만 년 전'의 유전자는 결국 애초의 의도와는 전혀 다른 결과를 초래하고 말았다.

지방의
두 얼굴

현대인에게 '지방'은 정말 백해무익할까?

몸에 지방이 너무 많으면 건강에 해롭지만 그 책임이 지방 자체에 있는 것은 아니다. 오히려 지방 조직에서만 나오는 물질이 대사증후군의 개선에 도움이 된다는 사실이 밝혀졌다.

지방 조직은 에너지 저장고 역할뿐만 아니라 내분비 기관으로도 기능한다. 지방 조직에서 호르몬과 유사한 아디포사이토카인(adipocytokine)이라는 물질이 분비된다는 사실이 10여 년 전부터 밝혀지기 시작했다. 아디포사이토카인은 혈액을 타고 온몸을 순환하며 인슐린저항성과 대사, 에너지 균형 등을 조절하는 생리활성물질이다.

아디포사이토카인에는 몸에 유익한 것과(아디포넥틴)과 유해한 것(PAI-1, TNF-α)이 있다. 표준 체격을 가진 사람의 혈액에서는 이 두 가지가 균형을 이루지만, 내장지방이 너무 많으면 아디포사이토카인 중에서도 유익한 물질은 줄어들고 유해한 물질이 늘어 몸에 여러 가지 악영향이 나타난다.

유익한 아디포사이토카인 중에서도 대사증후군과 가장 밀접한 관련이 있는 것이 아디포넥틴(adiponectin)이다. 이 사실을 밝혀낸 일본 오사카대학의 마쓰자와 유지(松澤佑次) 교수의 연구팀은 1996년에 아디포넥틴이 혈관의 손상을 신속하게 복구한다는 사실을 발견했다. 또 아디포넥틴의 혈중 농도가 낮을수록 심근경색증 같은 관상동맥질환으로 인한 사망률이 높다는 조사 결과도 발표했다.

도쿄대학의 가도와키 타카시(門脇 孝) 교수는 2001년부터 아디포넥틴의 기능을 잇달아 밝혀내서 주목을 받았다. 그는 쥐를 이용한 실험에서 아디포넥틴이 '인슐린저항성을 개선'하고 '지방의 연소를 촉진'한다는 것을 알아냈다. 또 일본인의 약 40%가 유전적으로 혈중 아디포넥틴 농도가 낮다는 사실도 발표했다.

가도와키 교수의 연구팀은 마침내 아디포넥틴의 분비를 늘릴 수 있는 구체적인 방법을 찾아냈다. 기본은 유산소운동이다. 석 달 정도 워킹을 하면 효과를 실감할 수 있다고 한다. 운동으로 허리둘레가 줄었다면 아디포넥틴이 늘었다는 증거다. 아디포넥틴은 지방세포의 크기가 작을수록 많이 분비된다. 다시 말해 살이 찌면 지방세포가 커지므로 아디포넥틴의 분비량이 줄어든다.

적절한 식품을 섭취하는 방법으로도 아디포넥틴의 분비를 늘릴 수 있다. 오스모틴(osmotin)은 식물이 해충 같은 외부의 적으로부터 제 몸을 보호하기 위해 만들어내는 단백질이다. 이 물질이 아디포넥틴과 분자 구조가 비슷하고 기능도 유사한 것으로 확인되었다. 오스모틴은 토마토, 사과, 앵두, 키위, 피망, 옥수수 등에 풍부하다고 하니 평소에 적극적으로 먹도록 한다. 대두에 함유된 아르기닌이나 재첩의 알라닌, 녹차의 카테킨 등도 아디포넥틴의 분비를 늘리는 데 도움이 된다. 반대로 흡연이나 과음은 아디포넥틴을 감소시키므로 삼가는 것이 좋다.

아디포넥틴이 건강에 유익한 작용을 한다지만 사실 조금 염려되는 부분도 있다. 가도와키 교수의 연구팀이 2007년에 〈셀(Cell)〉 자매지인 〈셀 메타볼리즘(Cell Metabolism)〉에 발표한 내용에 따르면 아디포넥틴은 지방의 연소를 촉진하고 대사증후군을 개선하지만 한편으로는 뇌에 작용해 식욕을 자극한다고 한다.

이에 대해 가도와키 교수는 아디포넥틴에는 굶주림에 대비해 지방을 축적하고 에너지 소비를 줄이는 '절약 유전자'의 기능이 있다고 분석했다. 또 기아 상태에서는 활동 에너지를 만들기 위해 평소와 다른 기능을 할 가능성이 있다고 말했다.

당뇨병 인자를 가진 나로서는 이런 연구가 앞으로 어떤 성과를 낼지 누구보다 더 큰 기대를 하게 된다. 이제까지의 연구 동향으로 미루어 아디포넥틴에 관한 연구가 좀 더 진행되면 머지않아 대사증후군과 당뇨병을 개선하는 약제가 개발될 것으로 보인다. 그렇게 되면 굳이 운동이나 저열량식을 하지 않아도 쉽게 지방을 연소하고 대사를 촉진하며 당뇨병을 치료할 수 있다.

문제는 그런 꿈 같은 현실이 반갑기만 한 것은 아니라는 데 있다. 생물체는 영양 섭취와 대사를 반복해 생명을 유지하기 때문에 무엇보다 그 두 가지의 균형이 중요하다. 우리 몸이 아디포넥틴 같은 물질을 만들어내는 이유도 그 균형을 지키기 위해서일 것이다.

현재 일본의 당뇨병 위험군은 1500만 명이 넘는 것으로 알려져 있다. 이들에게는 인슐린저항성을 개선하는 것이 가장 큰 과제다. 운동과 저열량식은 인슐린저항성을 개선하는 데도 효과가 있다고 알려져 있다. 나도 평소에 식사와 신체활동에 매우 신경을 쓰는 편이라서 혈당치가 조금 높은 것만 제외하면 보통 사람들보다 오히려 더 건강하다.

딩뇨병 환자의 신제나이는 실제 나이보다 평균 10세 더 많고, 평균수명은 10년 더 짧다고 한다. 게다가 건강한 사람보다 14년이나 더 빨리 심근경색증이 발생한다. 100세 이상의 장수인 중에 당뇨병이 있는 사람은 드물다. 이런 사실을 누구보다 잘 알지만 나는 포기하지 않는다. 인슐린 신호와 내당능을 효과적으로 조절하면 반드시 노화를 억제할 수 있을 것이라고 믿는다. 내가 날마다 저열량식과 운동, 바른 생활습관을 지킬 수 있는 것도 이런 확신 때문이다.

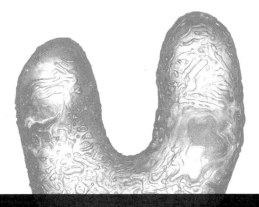

05 | 저열량식과 장수유전자

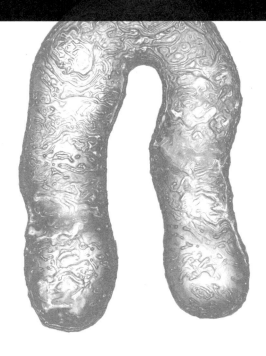

'저열량식'은
다이어트가 아니다

우리는 먹어야 산다. 음식을 먹으면 인슐린이 분비된다. 그런데 인슐린 신호가 세포에 제대로 전달되지 못해야 오래 살 수 있다고 한다. 알 것도 같고 모를 것도 같은 이야기다. 복잡하게 엉킨 실타래를 풀어보니 맨 끝에 '저열량식'과 '장수'가 운명의 붉은 실로 이어져 있었다. 그 붉은 실은 1935년 맥케이 박사의 실험을 통해 제 존재를 알린 후 반세기가 지나 드디어 정체를 드러냈다.

시르투인 유전자는 노화와 수명에 관련된 반응 경로를 통제하고 조절하는 장수유전자다. 저열량식을 하면 시르투인 유전자가 활성화된다는 사실을 안 순간부터 '수명 연장'은 더 이상 꿈이 아니다. 저열량식은 최첨단 생명과학 분야에서도 건강 장수를 위한 기본 조건이자 노화와 질병을 억제하는 효과적인 방법으로 인정받고 있다.

저열량식은 과학이다. 원리를 정확하게 이해해야 바르게 실천할 수 있고 원하는 효과를 얻을 수 있다. 그러기 위해 몇 가지 사항을 확인해두어야 한다.

저열량식 하면 흔히 다이어트부터 생각한다. 다이어트 방법에도 여러 가지가 있다. 고기나 기름을 전혀 먹지 않거나 사과만 먹는 다이어트도 있다. 이처럼 영양의 균형을 고려하지 않은 감량법으로 건강을 해치는 사람이 적지 않다.

시르투인 유전자를 활성화해 수명을 늘리는 저열량식은 단백질, 탄수화물, 비타민, 미네랄 같은 영양을 고루 섭취하면서 총 열량만 평소의 70% 정도로 줄이는 것이다. 특정 영양소의 섭취를 삼가거나 무조건 덜 먹는 체중감량식이 아니다. 저열량식은 세계 최초로 열량 제한 실험을 했던 맥케이 박사로부터 시르투인 유전자를 발견한 가렌티 교수에 이르기까지 저열량식과 장수의 관계를 연구했던 모든 과학자들이 유효성을 인정하는 건강 장수법이다.

고연비의 안전 운전으로
인생이 길고 쾌적해진다

미국 존스홉킨스대학에서 1958년부터 장기간 실시하고 있는 대규모 역학조사에 따르면 오래 사는 사람에게는 다음의 세 가지 공통점이 있다.

① 저체온
② 혈중 인슐린 농도가 낮다.
③ 혈중 DHEA 농도가 높다.

연구 결과 저열량식으로 시르투인 유전자가 활성화되면 위와 같은 상태가 되고, 대사증후군이 되면 정반대의 상태가 되는 것으로 밝혀졌다.

이런 점에서도 대사증후군은 장수와 상극이다. 또 저열량식이 대사증후군을 예방하고 치료하는 효과적인 방법이라는 사실도 알 수 있다.

①의 저체온은 인체가 에너지 소비를 줄이는 '절약 모드'가 되었을 때 일어나는 현상이다. 이런 상태의 인체는 차로 말하자면 고연비 자동차에 해당한다. 평소에 엄청난 양의 휘발유를 써가며 시속 200km까지 달릴 일은 많지 않다. 50km 정도 달릴 수 있으면 생활하는 데 크게 불편하지 않고 과속으로 엔진이 과열되거나 고장 날 일도 없다. 이렇게 인체가 절약 모드로 생활하는 것은 천천히 오래도록 쾌적한 드라이브를 즐기는 것과 비슷하다.

②의 혈중 인슐린 농도가 낮은 상태가 장수와 어떤 관련이 있는지는 이미 4장에서 설명했다. 지속적으로 인슐린 농도가 높으면 인슐린저항성이 생겨 여러 가지 대사증후군의 원인이 된다. 바꿔 말해, 하루 세끼를 모두 배부르게 먹고 간식까지 꼬박꼬박 챙겨 먹으면 췌장이 인슐린을 아무리 많이 분비해도 감당하지 못한다. 결국 몸은 지치고 인슐린도 제 할 일을 거부하며 말을 안 듣기 시작한다. 이런 점에서 볼 때 건강하게 오래 살려면 체내에서 소량의 인슐린이 효율적으로 기능하는 상태가 가장 바람직하다. 저열량식이 중요한 이유를 여기서도 확인할 수 있다.

③의 DHEA(DeHydro EpiAndrosterone)는 호르몬의 일종이다. 남성호르몬인 테스토스테론과 여성호르몬인 에스트로겐도 DHEA로부터 만들어진다. DHEA는 부신피질호르몬(스테로이드)과 마찬가지로 주로 부신에서 생성되는데, 이 때문에 염증을 억제하는 작용을 한다고 알려져 있다. DHEA 농도는 사춘기 전에는 매우 낮다가 사춘기부터 급상승해 20세 무

렵에 가장 높다. 그 후 차츰 낮아지다가 중년 이후에 급격히 떨어진다.

DHEA 농도와 장수의 관련성에 대해서는 의견이 다양하기 때문에 아직은 정확한 답을 찾지 못하고 있다. 그러나 90세 이상에서 혈중 DHEA 농도가 20대 수준인 경우에는 대사증후군이 없고 치매 증상도 거의 나타나지 않았다고 보고된 적이 있다. 이런 사실이 알려진 후 한때 미국과 일본에서는 DHEA 보충제가 불티나게 팔렸다.

그러나 대규모 연구에서 DHEA 보충제의 효과를 부정하는 결과(〈뉴잉글랜드 저널 오브 메디슨〉 2007년 2월 8일호)가 나오자 불로장생을 꿈꾸던 많은 사람들은 실망을 감추지 못했다. 사실은 나도 그중 한 사람이었다. 요컨대 DHEA는 저열량식의 효과를 판단하는 하나의 '기준'이나 장수의 '결과'는 될시언성 그것 자체가 장수의 '원인'은 아닐 것이다.

저열량식은 여러 가지 제약이 따르는 보충제나 약을 쓰지 않아 부작용이 없고 혼자서도 할 수 있는 효과적인 대사증후군 예방법이다. 과유불급의 진리는 건강에도 적용된다. 시속 50km의 안전 운전으로 인생을 길고 여유롭게 즐기자.

저열량식은
뇌도 젊게 한다

세포의 노화에는 '복제 노화(replicative aging)'와 '세포 노화(somatic aging)'가 있다. 세포는 분열을 통해 복제를 하면서 새로운 세포로 바뀌거나 증식을 한다. 따라서 분열이 잘 일어나지 않는 것은 곧 '나이를 먹었다'는 뜻이 된다.

복제 노화란 이처럼 세포의 분열로 인해 일어나는 노화다. 이제까지 몇 번 분열했고 앞으로 몇 번 더 분열할 수 있는가에 따라 노화의 정도를 추측할 수 있다. 예를 들어 피부세포는 분열이 매우 잦다. 낡은 세포는 각질이 되어 떨어져 나가고 새로 생긴 부드럽고 탄력 있는 세포로 교체된다. 피부세포가 더 이상 분열하지 않으면 피부는 뻣뻣하고 딱딱해지며 색소침착이나 주름이 생긴다.

한편 '세포 노화'에서는 하나의 세포가 분열하지 않고 얼마나 오랫동안 젊음을 유지할 수 있는지가 중요하다. 뇌의 신경세포 등은 피부세포처럼 분열과 교체를 계속 반복하는 것이 아니라 한번 성장해 일정 크기가 되면 분열을 멈추고 교체되는 일이 거의 없이 죽을 때까지 기능한다. 100년도 넘게 살 수 있다고 한다. 그래서 그만큼 오랫동안 정보를 계속 축적할 수 있는 것이다.

세포는 존재하는 부위에 따라 기능과 대사 경로가 다르다. 그렇다면 세포마다 노화의 기전이 다를 것이고 그에 따라 젊음을 유지할 수 있는 방법도 차이가 있을 것이다. 저열량식의 효과가 뛰어나다고 하는 이유는 발생 메커니즘이 다른 두 종류의 노화를 모두 늦출 수 있기 때문이다.

요즘처럼 난해한 의학 정보가 넘쳐나는 시대에 '적게 골고루 먹는 습관'만으로 노화를 억제해서 오래 살 수 있다고 하면 의심부터 들 것이다. 의학을 전공한 내가 보기에도 방법이 지나칠 만큼 간단하지만 나 역시 무병장수를 꿈꾸며 열심히 저열량식을 실천하고 있다.

건강하게 오래도록 인생을 즐기려면 무엇보다 뇌가 젊어야 한다. 치매 유병률은 해마다 증가하고 있다. 일본에서는 80세 이상 노인 10명 중 1명이 치매로 진단을 받는다고 한다. 이 정도라면 실제로는 더 많은 사람이 치매 위험군일 수 있다.

치매에는 혈관성 치매와 알츠하이머성 치매의 두 종류가 있다. 혈관성 치매는 뇌혈관질환에 의해 뇌 조직이 손상을 입어 발생하고, 알츠하이머성 치매는 분해되지 않는 단백질이 뇌에 침착되어 뇌세포에 유해한 영향을 주어 발생한다.

혈관성 치매의 원인은 대사증후군의 원인과 동일하므로 저열량식이 효과적인 예방법이 될 수 있다. 뒤에서 자세히 설명하겠지만 저열량식을 하면 세포 속을 대청소하는 작용이 일어난다고 하니 알츠하이머병을 일으키는 단백질 쓰레기가 제거될 수도 있을 것이다. 내가 단식을 할 때마다 머리가 맑아지는 느낌이 들었던 이유도 저열량식의 그런 작용 때문이었던 것 같다.

누군가의 도움에 의지하지 않고 자유롭고 활기차게 노년을 보내려면 저열량식의 중요성과 효과를 잘 알아 되도록 빨리 시작하는 것이 좋다.

저열량식을 하면
세포 속까지 깨끗해진다

나이가 들수록 면역력이 떨어져 젊었을 때는 가볍게 물리쳤던 약한 균에도 꼼짝없이 당하고 만다. 그러니 감기가 잦고 한번 걸리면 오래 가는 것이다. 노인요양시설 등에서 원내 감염이 자주 일어나는 것도 역시 면역력 저하가 큰 원인이라고 한다.

그런데 연구 결과 저열량식을 하면 면역력이 강해지는 것으로 나타났다. 수분과 양분이 부족한 황무지나 자외선이 강한 가혹한 환경에서 자란 식물일수록 생명력이 강한 것과 비슷하다. 적포도주에 들어 있는 폴리페놀류도 포도가 자외선에 의한 산화로부터 제 몸을 보호하기 위해 쌓아둔 항산화물질이다.

위기에 몰리면 나도 모르게 엄청난 힘을 발휘할 때가 있다. 저열량식을 하면 세포에서 다양한 방어 시스템이 작동하기 시작한다. 그중 하나가 세포 속을 대청소하는 '자가소화작용(autophagy)'이다.

나는 1년에 세 번씩 48시간 단식을 한다. 단식을 해본 사람은 알겠지만 하루 종일 굶고 있으면 뱃속을 그득하게 채웠던 것들이 개운하게 빠져나가고 피부도 매끈해진다.

몸속에 독소나 불필요한 것이 쌓여 있으면 쉬 피로하고 얼굴에 뾰루지 같은 것이 잘 생긴다. 그럴 때는 몸속을 말끔히 청소해야 한다. 운동으로 땀을 흠뻑 흘리거나 식이섬유와 수분을 충분히 섭취해서 배변이 잘되게 하는 것도 좋은 방법이다. 그런데 이렇게만 하면 세포 속까지 깨끗해지지는 않는다.

세포 수준에서 대청소하는 방법은 두 가지다. 하나는 '골라내서' 청소하는 방법이다. 유비퀴틴(ubiquitin)이라는 체내 단백질은 우리 몸에 불필요한 단백질만 찾아내서 달라붙는다. 잘못 만들어졌거나 손상된 단백질에 유비퀴틴이 달라붙으면 이를 인식한 단백질 분해효소가 작용해 단백질을 잘게 잘라 제거한다.

다른 하나는 '한꺼번에' 청소하는 방법이다. 이것이 위에서 말했던 자가소화작용이다. 자가소화작용은 세포가 자기 자신의 단백질을 분해하는 현상으로 '자식(自食) 작용'이라고도 한다. 영양분이 부족할 때 스스로 자신의 오래된 세포 구성물을 분해해 영양분으로 이용함으로써 세포 자체의 건강을 유지하는 생리현상이다.

저열량식을 하면 자가소화작용이 활성화된다. 24시간 동안 물만 먹고 단식을 하면 활성도가 크게 올라 세포 속까지 깨끗이 청소된다. 쥐를 이용한 실험에서도 자가소화작용 활성화 인자가 기능하지 못하게 했더니 저열량식을 해도 그다지 효과가 나타나지 않았다.

집 안을 매일 쓸고 닦아도 어느 새 먼지가 쌓인다. 세포도 마찬가지여서, 세포 속까지 청소하려면 한 달에 한 번 꼴로 24시간 단식을 하는 것이 바람직하다. 그러면 면역력을 유지하는 데도 도움이 된다고 한다. 한 달에 한 번이 어렵다면 석 달이나 반년에 한 번이라도 괜찮다. 나도 주말 등을 이용해 가끔 단식을 한다. 단식을 하면 몸이 가벼워지고 몸 상태도 무척 좋아진다. 무엇보다 24시간 만에 먹는 밥은 정말 꿀맛이다.

단식을 마치면 다시 정상식으로 돌아가야 한다. 한동안 굶주렸던 몸은 음식이 들어오는 대로 모조리 흡수해 악착같이 쌓아두려고 힐 테니 영양 흡수율이 높은 때임을 감안해 과식하지 않도록 조심해야 한다.

정상식을 시작하는 시점도 중요하다. 밤에 먹으면 인슐린 분비가 늘어난 상태로 잠들게 되므로 건강에 좋지 않다. 아침 식사를 영어로 breakfast라고 하는데, '단식(fast)'을 '멈춘다(break)'는 뜻이다. 이 말 그대로 단식을 마치면 아침식사부터 정상식으로 시작하는 것이 좋다.

유전자의 목소리에
귀를 기울인다

고기며 술이며 실컷 먹고 마시고 나서도 얼큰한 라면으로 마무리해야 개운한 사람들, 버터가 잔뜩 들어간 빵에 유지방 가득한 크림을 발라 먹어야 제 맛인 줄 아는 사람들이 있다. 이런 사람들은 살이 쪄도 자기혐오에 빠지는 법이 없다. 우리 몸에는 100만 년 넘게 대를 이어온 '지방 쌓아두기의 달인' 유전자가 있기 때문이다. 이 유전자의 명령에 거스르기란 쉽지 않다.

사람들은 누군가가 몹시 그립거나 까닭 없이 우울할 때는 달콤한 초콜릿이 먹고 싶다고 한다. 사랑에 빠졌을 때 몸에서 분비되는 물질이 초콜릿에 들어 있기 때문이라지만 꼭 그런 이유만은 아닌 듯하다. 기름지거나 달콤한 음식이 눈앞에 있다는 것은 곧 '한동안의 생존'을 보장받을 수 있다는 뜻이기 때문이다.

어쩌면 100만 년 전에는 '사랑'과 '열량'이 같은 의미를 지녔는지도 모르겠다. 누군가에게 먹을 것을 나눠주는 행위는 나의 생존 가능성을 희생해서라도 그 사람을 살리겠다는 의지의 표시며 그것은 곧 사랑이기 때문이다. 그래서 우리는 고열량의 '사랑'을 얻으려고 배고프지 않아도 자꾸 더 먹으려고 하는 게 아닐까?

저열량식을 하다 보면 '참으려고 하니 더 먹고 싶고, 건강에 나쁜 줄 알지만 기름진 음식만 보면 다 포기하게 되는' 경우가 자주 일어난다. 그래서 저열량식에 성공하려면 강한 의지와 노력이 필요하다고들 말한다. 그러나 의지와 노력만으로 해결될 것 같지는 않다. 100만 년도 넘게 지켜온 유전자의 고집이 그렇게 쉽게 꺾일 리가 없기 때문이다.

내 경우만 봐도 그렇다. 나는 대학 시절 5년 내내 담배를 피웠다. 흡연이 건강에 해로운 줄은 누구보다 잘 알지만 금연에는 번번이 실패했다. 그랬던 내가 단번에 담배를 끊게 된 것은 흡연으로 손상된 폐의 모형을 보고 나서다. 마치 석유를 바른 것처럼 시커먼 폐로 숨을 쉬고 산다는 것이 끔찍하기만 했다. 그날 이후로 나는 담배를 피우지 않는다.

식사건 운동이건 공부건 간에 그 의미와 가치를 진심으로 깨달아야 비로소 적극적으로 실천하게 된다. 소설도 마찬가지다. 어느 순간 시시하다는 생각이 들면 그때부터는 책장이 잘 넘어가지 않는다. 뒤에 뭔가 재미있는 내용이 나올 거라는 기대감이 있어야 집중할 수 있다.

그런 의미에서 장수유전자가 어떻게 기능을 하는지, 저열량식이 장수에 어떻게 영향을 주는지, 대사증후군이 건강에 해로운 진짜 이유는 무엇인지에 관해 좀 더 자세히 알아보기로 한다. 이 내용들을 정확하게 이해하지 않으면 유전자의 목소리에 귀를 기울일 수가 없다. 유전자가 어떤 의도로 자꾸만 지방을 쌓아두라고 명령하는지를 알면 원만한 합의점을 찾을 수 있을 것이다.

내 의지대로 유전자 발현의 스위치를 켜고 끌 수 있게 되면 노화를 늦추고 질병을 극복하며 수명을 늘릴 수 있다. 그 자세한 방법은 9장에서 설명하겠다.

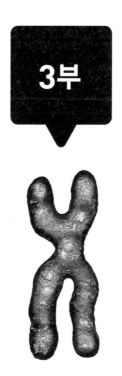

3부

장수유전자의 조력자들

: 질 좋은 미토콘트리아 & 항산화 네트워크

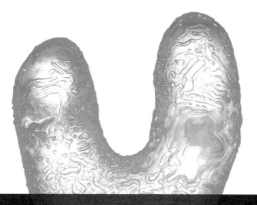

06 | 장수의 열쇠를 쥔 미토콘드리아

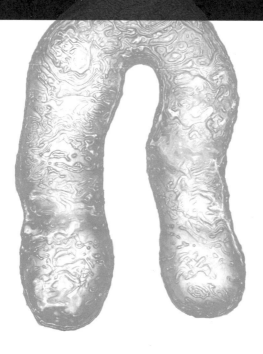

미토콘드리아와
활성산소

미토콘드리아는 유기물을 분해해 에너지를 생산하는 세포 호흡의 장소다. 세포 속 미토콘드리아가 키워드로 등장하는 화젯거리는 별로 없지만 그 존재와 역할은 인간의 건강과 장수를 결정할 만큼 매우 중요하다. 그 이유를 알아보자.

우리는 산소가 없으면 살 수 없다. 산소로 에너지를 만들기 때문이다. 에너지가 없으면 뇌도 심장도 근육도 움직이지 않는다. 그런데 이 고마운 산소가 때때로 '활성산소'나 '유해산소'라는 이름으로 우리 몸에 해를 끼친다. 활성산소란 세포 호흡 과정 중에 미토콘드리아에서 부산물로 발생하는 산화력이 크고 불안정한 산소다. 우리가 산소를 들이마실 때마다 활성산소로 인해 세포의 구성 성분이 산화되어 손상되고 노화된다. 우리 몸에 내재하는 이 같은 모순은 생물체가 살아남기 위한 '부득이한 선택'이었다.

다시 한 번 시간을 태곳적으로 거슬러 올라가자. 지금으로부터 46억 년 전에 지구가 탄생해 38억 년 전에는 바다가 생기고 생명체가 나타났다. 그 후 핵을 갖춘 단세포생물이 등장하는데 이 무렵의 원시생물은 바다의 유기물을 섭취하며 살았다. 그때 지구에는 산소가 없었기 때문에 무기 호흡으로 활동에 필요한 에너지를 얻었다. 그들에게는 DNA나 단백질 같은 세포 속 물질을 산화시켜 파괴하는 산소가 맹독이자 적이었다.

바다에서 점차 유기물이 줄어들자 스스로 양분을 합성하는 생물이 나타났다. 이 생물들은 태양의 빛에너지를 이용해 당시 대기의 주성분이었던 이산화탄소와 주변에 풍부한 물로부터 유기물을 합성했다. 이 작용이 바로 광합성이다. 광합성의 결과 산소가 생성되어 대기 중에 증가했다. 마침내 대기의 주성분이 이산화탄소에서 산소로 바뀌었다.

그 결과 산소에 민감한 10억 년 전의 생물체는 멸종의 위기에 내몰렸다. 이미 많은 무리들이 절멸한 상황에서 남은 생물체가 살 수 있는 길은 한 가지밖에 없었다. 몸속에 '산소의 독성을 해독하는 시스템'을 갖추는 것이다. 그러나 아무리 상황이 절박해도 그런 급작스런 진화가 일어날 리는 없었다.

바로 그때 기다렸다는 듯이 미토콘드리아가 나타나서는 허락도 없이 원시생물의 세포 속에 들어가 둥지를 틀었다. 그리고는 원시생물의 포도당을 제멋대로 이용해서 에너지를 만들기 시작했다. 궁지에 몰린 나약한 원시생물이었지만 이런 뻔뻔스런 짓거리를 그대로 둘 수는 없었다. 그런데 가만 보니 이 침입자에게는 산소의 독성을 해독해 에너지를 만드는 엄청난 능력이 있었다. 게다가 한 번에 만들어내는 에너지의 양도 어마어마했다. 숙주인 원시생물이 생산하는 에너지의 몇십 배나 될 정도다.

이쯤 되면 그냥 내쫓아버릴 수가 없다. 하는 짓거리는 밉지만 어쩌겠는가. 이 녀석만 있으면 산소로 가득한 이 세계에서 우선 죽음은 피할 수 있다. 이 녀석이 내 몸에 들어 있어도 평소에는 수소와 결합해 물과 이산화탄소가 생기는 것뿐이다. 어쩌다 활성산소를 내뿜기는 하지만 치명적인 것도 아닌 데다 내 몸에도 미비하지만 안전장치가 있다. 지금 가장 중요한 것은 살아남는 일이다. 활성산소 따위는 나중에 생각해도 된다.

원시생물은 마침내 이 무례한 침입자와 함께 살기로 마음먹었다. 미토콘드리아를 받아들이고 영양분을 제공하는 대신 산소가 내는 독성을 해독해서 에너지를 많이 만들게 해야겠다고 생각했다.

이 침입자가 바로 지금 우리 세포 속에 있는 미토콘드리아다. 원래는 독자적으로 생활하던 미토콘드리아가 원시생물의 세포 속에 기생해 함께 살게 되면서 하나의 세포 기관으로 분화되었다. 이를 '세포 내 공생설'이라고 한다. 세포 내 공생설은 간단한 세포 구조를 가진 원핵생물로부터 복잡한 구조를 가진 진핵생물로 진화하게 된 경로를 설명하는 가설이다.

이 가설을 뒷받침하는 증거가 있다. 미토콘드리아에는 핵 속의 DNA와 다른 독자적인 DNA가 존재한다는 사실이다. 이는 세포 내 공생설이 나오기 4년 전인 1963년에 스웨덴 스톡홀름대학의 마깃 나스(Margit M.

K. Nass) 박사가 밝혀낸 것이다.

미토콘드리아와 공생하기 시작한 원시생물은 드디어 산소로 가득한 지구에서 살 수 있게 됐다. 뿐만 아니라 산소를 이용한 '호흡'으로 과거와는 비교도 안 될 만큼 효율적으로 에너지를 생산하게 되었다. 그리고 점점 더 복잡한 구조를 가진 다세포생물로, 포유류로, 인류로 진화했다. 원시생물이 미토콘드리아와의 공생을 거부했더라면 지금의 인류는 존재하지 않았을 것이다.

그러나 희생도 따랐다. 미토콘드리아가 뿜어내는 활성산소가 지금껏 우리를 괴롭히고 있기 때문이다. 생물체가 아무리 진화를 거듭해도 활성산소의 존재는 변함이 없을 것이다. 앞으로 20억 년이 지나도 그 공격은

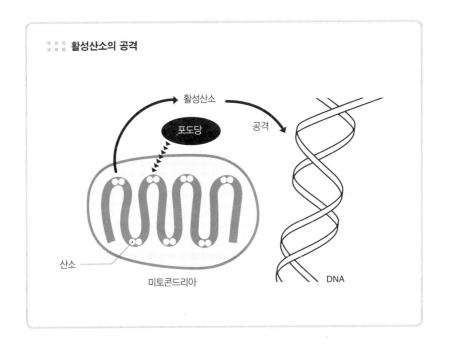

활성산소의 공격

멈추지 않을 것이다. 게다가 진화를 통해 수명이 늘어나면 그만큼 활성산소의 해는 더 심각해진다.

만약 10억 년 전 원시생물이 지금의 상황을 예상했다면 어떤 결정을 내렸을까? 의사가 처치 전에 환자에게 위험이나 부작용을 설명하듯 무언가가 원시생물에게 앞으로 겪게 될 일을 미리 알려주었다면 말이다. 혹시라도 미토콘드리아와 공생하는 대신 다른 방법을 찾지는 않았을까? 때늦은 아쉬움을 표현해본다.

연비 18배의
고성능 미토콘드리아 엔진

미토콘드리아를 자동차의 엔진에 비유한다면 마력은 ATP(adenosine triphosphate, 아데노신3인산)의 생산량에 해당한다. ATP는 세포 내 생명활동(영양의 대사와 운동 등)에 사용되는 에너지원이다. 세포 내에서 에너지를 저장해 전달하는 역할을 하므로 일종의 배터리인 셈이다. 뇌는 신체기관 중에서 에너지를 가장 많이 쓰는 곳이라서 뇌가 발달하고 건강하려면 ATP가 충분하고 안정적으로 공급되어야 한다.

10억 년 전 원시생물이 미토콘드리아와 공생하기로 결정한 주된 이유 중 하나는 자신들보다 미토콘드리아가 ATP를 훨씬 더 많이 생산할 수 있었기 때문이다. 당시의 원시생물은 산소를 이용하지 않고 포도당을 분해

미토콘드리아 자동차

열

마력

휘발유

배기가스

엔진

차에 비유하면
- 엔진 = 미토콘드리아
- 휘발유 = 포도당
- 마력 = ATP
- 배기가스 = 활성산소
- 열 = 미토콘드리아의 열

시켜 ATP를 만들어냈다. 이 방식을 '해당계'라고 한다. 해당계는 효율이 낮아 1분자의 포도당으로 2ATP밖에 생산하지 못한다.

반면 미토콘드리아는 산소를 충분히 이용해 1분자의 포도당으로 36ATP나 생산할 수 있다. 이 방식을 '호흡계'라고 한다. 요컨대 해당계와 호흡계의 차이는 ATP를 만들 때 산소를 이용하느냐, 이용하지 않느냐의 차이다.

'해당계'는 생물이 긴급한 상황에서 ATP를 생산하는 방식이다. 예를 들어 사자는 평소 초원에서 한가롭게 낮잠을 자거나 어슬렁거리며 느리게 걷는다. 그러다가 배고플 때 먹이를 발견하면 맹렬한 속도로 달린다. 이럴 때는 호흡을 천천히 할 여유가 없다. 이때 해당계가 등장한다.

그러나 효율 낮은 해당계로 다량의 ATP를 만들다 보니 포도당이 금세 바닥이 난다. 게다가 그 과정에서 피로물질인 젖산이 생기기 때문에 몸이 쉬 지치게 된다. 이런 사정 때문에 사자는 눈 깜짝할 새에 먹이를 차지하는 훌륭한 사냥 솜씨를 갖게 되었는지 모른다.

철새가 이동할 때는 장시간 계속 날아야 하므로 금세 연료가 바닥나는 해당계로 에너지를 얻는 것은 무리다. 이때야말로 미토콘드리아가 나서서 호흡계의 뛰어난 에너지 생산력을 발휘해야 한다. 더욱이 해당계와 달리 젖산이 생성되지 않아 피로도 덜하다. 이런 점은 미토콘드리아와 공생하지 않았더라면 누리지 못했을 큰 이익인 셈이다.

미토콘드리아부터
늙는다

이미 엎질러진 물이지만 10억 년 전에 원시생물은 미토콘드리아와 함께 사는 것을 좀 더 신중히 결정했어야 했다. 세포가 미토콘드리아와 공생함으로써 대체 어떤 불이익이나 피해를 받았기에 이렇게 두고두고 후회하는지 그 내용을 자세히 알아보자.

DNA라고 하면 대개 세포의 핵 속에 있는 DNA(핵 DNA)를 가리킨다. 그런데 핵 바깥에 있는 미토콘드리아에도 독자적인 DNA가 있다. 이를 핵의 DNA와 구별하기 위해 '미토콘드리아 DNA(mt-DNA)'라고 부른다.

세포를 자동차에 비유하면 미토콘드리아는 엔진에 해당한다. 미토콘드리아가 독립적인 생물이었을 때 엔진의 설계도는 미토콘드리아 DNA

에만 있었다. 그러다가 미토콘드리아가 세포와 함께 살게 되자 엔진의 설계도를 핵 DNA와 서로 나누어 보존하기로 했던 모양이다.

말하자면 엔진의 주요 부분의 설계도는 미토콘드리아 DNA에 있고, 그 밖의 상세 부분의 설계도는 핵 DNA에 있다. 핵 DNA는 그 설계도를 기준으로 세포 속에서 부품을 만들어 미토콘드리아로 운반한다. 미토콘드리아는 일종의 지점 같은 곳이라서 고장 난 부품을 수리하는 공장까지 갖추고 있지는 않다. 그래서 미토콘드리아에는 손상된 유전자를 복구하는 기능이 없다. 이 점이 못마땅하지만 미토콘드리아가 배출하는 활성산소의 해악에 비하면 아무것도 아니다.

3장에서 설명했듯이 핵 DNA는 히스톤 단백질이 DNA를 감싸서 유전자의 발현을 조절하거나 세포의 손상을 복구해준다. 그러나 미토콘드리아 DNA는 히스톤 단백질이 없어 그대로 노출돼 있다. 게다가 미토콘드리아 DNA는 미토콘드리아, 즉 엔진 안에 있기 때문에 에너지를 만들 때 발생하는 활성산소의 해를 직접 받아 쉽게 손상된다.

부상을 입은 미토콘드리아 DNA에 있는 설계도에는 자연히 오류가 늘어난다. 이런 상태로는 미토콘드리아를 새로 만들어내기도 곤란하다. 오류투성이 설계도로 만들어진 불량 엔진 미토콘드리아는 더 많은 활성산소를 뱉어낸다. 미토콘드리아는 근육세포에 특히 많은데, 나이가 들수록 근육이 약해지고 쉬 피로한 이유도 바로 불량 미토콘드리아가 배출하는 다량의 활성산소 때문이라고 한다.

이처럼 미토콘드리아가 정상적으로 기능하지 못하면 그 여파는 세포 전체로 퍼진다. 세포질과 세포막, 핵 DNA에 이르기까지 차례로 손상된다. 핵 DNA에는 손상을 복구하는 기능이 있지만 그 기능이 감당하지 못할 만큼 손상 속도가 빠를 경우에는 세포 분열로 생긴 새로운 세포에까지 악영향이 미친다. 그 결과 비정상적으로 분열하는 암세포가 만들어진다. 미토콘드리아가 늙으면 세포가 늙고 조직이 늙어 결국 개체 전체가 노화된다.

미토콘드리아의 기능 저하에 관한 매우 흥미로운 연구 결과가 있다. 2003년에 미국 예일대학의 연구팀은 건강하고 비만이 아니며 체중이 비슷한 노인 16명과 40대 미만의 청장년층 13명을 대상으로 당 대사 기능과 미토콘드리아의 기능을 비교해 〈사이언스〉에 발표했다.

결과를 보니 노인은 청장년층에 비해 혈중 인슐린 농도가 높고 간과 근육의 지방 축적률도 각각 2.25배, 1.45배나 되었다. 체형과 체중이 비슷한데도 노인 그룹은 이미 대사증후군이 시작되고 있었다. 특수 장치를 이용해 미토콘드리아의 에너지 생산 효율을 조사한 결과에서는 노인이 청장년층보다 40%나 낮게 나타났다.

이 연구 결과로 알 수 있는 것은 나이가 들수록 미토콘드리아의 기능이 떨어지는 현상이 지방 축적이나 당뇨병 같은 대사증후군과 관련이 깊다는 사실이다. 이를 반대로 생각하면 미토콘드리아가 건강하면 그 주인인 우리도 질병 없이 오래 살 수 있다는 뜻이다.

저열량식과 운동으로
미토콘드리아의 수를 늘린다

앞에서 말했듯이 미토콘드리아를 엔진에 비유하면 ATP는 마력에 해당한다. 그런데 ATP의 에너지는 채 1분도 버티지 못할 만큼 지속력이 부족하다. 계속 재생산하지 않으면 금세 연료가 바닥나서 엔진이 멈추게 된다.

이런 사태를 막기 위해 나선 것이 'AMPK(AMP-activated protein kinase, AMP-활성화 단백질 키나제)'라는 효소다. AMPK는 마치 센서처럼 체내의 ATP 양을 감지해 부족한 경우에는 엔진 작동 방식을 '에너지 절약 모드'로 바꾸라고 명령한다.

AMPK는 ATP의 양이 충분할 때는 가만히 있다가 ATP의 양이 감소하면 이를 긴급 사태로 판단해 활발히 기능하기 시작한다. 먼저 지방을 쌓아두는 작용을 중지시키고 미토콘드리아에게 '포도당을 이용해서 에너지(ATP)를 만들라'고 지시한다. 이는 '지금은 에너지가 부족하니 포도당을 지방으로 쌓아둘 것이 아니라 얼른 분해해서 에너지를 생산해야 한다'는 뜻이다. 그 밖에도 ATP를 더 많이 생산하기 위해 '미토콘드리아의 수를 늘려라'고 지시한다. 요컨대 AMPK가 활성화되면 내장지방이 줄어서 대사증후군이 예방되고 근육세포에 있는 미토콘드리아의 수도 늘어난다.

그런데 AMPK를 인위적으로 활성화할 수 있는 방법이 있을까?

AMPK는 ATP의 양이 부족할 때 활성화된다. 따라서 조깅 같은 유산소운동으로 ATP를 많이 소비해서 강제적으로 ATP 결핍 상태를 만드는 방법이 가장 효과적이다. 이때 몇 가지 요령이 필요하다.

유산소운동을 20~30분 정도 지속하면 그때부터 지방이 본격적으로 연소된다. 따라서 워킹 같은 유산소운동은 30분 이상 하는 것이 좋다. 그런데 지방이 점점 더 많이 연소되어 에너지로 쓰이면 ATP 결핍 상태가 해소되기 시작하므로 그에 비례해 AMPK의 활성도가 차츰 떨어진다.

이를 막으려면 유산소운동 사이사이에 근육 트레이닝 같은 무산소운동을 하는 것이 좋다. 무산소운동에서는 산소의 이용 없이 근육 조직에 저장되어 있던 에너지를 사용하므로 체내의 ATP 양은 충분한 상태로 유지된다. 이럴 때는 AMPK가 기능하지 않는다. AMPK는 ATP의 양이 부족할 때 활성화되기 때문이다. 따라서 ATP가 충분한 상태(무산소운동)에서 ATP가 부족한 상태(유산소운동)로 만들면 AMPK를 다시 활성화시킬 수 있다. AMPK가 활성화되면 지방이 더 많이 연소되고 근육세포에 있는 미토콘드리아의 수도 늘어난다. 유산소운동 사이에 무산소운동을 해서 AMPK의 활성도를 조절하는 이 운동법은 "아무리 오래 걸어도 도무지 뱃살이 빠지지 않는다"는 사람들에게 특히 효과적이다.

쥐를 이용한 실험에서도 운동 능력이 낮은 쥐는 운동 능력이 높은 쥐보다 골격근에 있는 미토콘드리아의 수가 훨씬 적은 것으로 나타났다. 게다가 운동 능력이 낮은 쥐에서는 미토콘드리아가 합성하는 'PGC-1α'라는 단백질이 하나 부족했다. 이름은 좀 낯설지만 PGC-1α는 미토콘드리아를 복제하는 복사기의 접속케이블 같은 것이다. 이것이 많으면 여러 대의 복사기를 연결해서 한 번에 다량의 미토콘드리아를 복제할 수 있다. 그런데 운동을 하면 PGC-1α가 늘어난다고 한다.

미토콘드리아는 골격근세포에 특히 많기 때문에 나이 들어 미토콘드리아의 수가 감소하면 근육이 눈에 띄게 쇠퇴한다. 오래 버티고 쉬 지치지 않는 젊은 근육을 유지하려면 역시 운동만한 것이 없다.

질 좋은 미토콘드리아, 질 나쁜 미토콘드리아

운동뿐만 아니라 저열량식으로도 미토콘드리아의 수를 늘릴 수 있다. 섭취 열량이 줄면 미토콘드리아(엔진)의 연료인 포도당이 감소하기 때문에 ATP(마력)의 생산량이 줄어든다. ATP가 부족하면 이를 감지한 AMPK가 활성화되어 미토콘드리아의 수가 늘어난다.

앞에서 말했듯이 비만으로 내장지방이 증가하면 인체에 유익한 작용을 하는 아디포넥틴의 분비량이 줄어들어 대사증후군이 생기기 쉽다. 그런데 아디포넥틴에는 AMPK를 활성화하는 기능이 있다. 그래서 저열량식을 하면 '내장지방 감소 → 아디포넥틴 증가 → AMPK 활성화 → 미토콘드리아 증가 → 내장지방 감소…'라는 선순환이 일어난다.

미토콘드리아는 당뇨병과도 관련이 있다. 당뇨병의 원인을 분자 수준에서 찾을 때 가장 많이 나타나는 것이 미토콘드리아 DNA의 변이다. 미국 예일대학의 리처드 립튼 박사의 연구팀은 대사증후군이 많은 가계를 조사해 미토콘드리아 DNA에 변이가 일어난 것을 발견했다.

동물의 수명은 개체의 크기에 비례한다고 알려져 있다. 그런데 조류는 몸집에 비해 수명이 긴 편이다. 그 이유는 조류의 세포에 다른 동물보다 ATP 생산력이 높은 크고 질 좋은 미토콘드리아가 많기 때문이라고 한다.

질 나쁜 미토콘드리아를 가진 세포는 작은 엔진으로 엄청난 소음과 배기가스를 뿜어내며 달리는 자동차와 같다. 질 좋은 미토콘드리아를 많이 가진 세포는 적은 양의 연료로 배기가스를 거의 내지 않고 조용히 달리는 고연비 자동차다. 속도만 자랑하는 저성능 자동차는 언제 멈출지 몰라 불안하기만 하다. 연비 높고 엔진 튼튼한 차로 여유롭게 인생의 여정을 달리자.

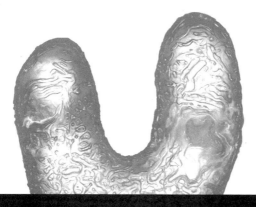

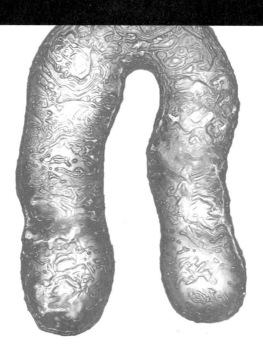

과격한 노화 인자,
활성산소

시간은 모든 생물에게 공평하게 주어진다. 그러나 생물의 체내시계는 마치 서로 다른 차원에 존재하듯 빠르기가 제각각이다. 몇 년 전에 일본에서는 《코끼리의 시간 쥐의 시간》이라는 책이 화제가 되었는데, 거기서도 이에 관한 내용이 나온다.

코끼리와 쥐는 포유류다. 몸집의 차이에 상관없이 포유류의 평생 심장 박동수는 15억 회 정도라고 한다. 세포 조직 1g당 산소 소비량도 거의 비슷하다. 그런데도 코끼리는 70년을 살고, 쥐는 2~3년밖에 살지 못한다. 이렇게 수명이 다른 이유는 몸집이 큰 코끼리의 체내시계는 천천히 움직이고, 몸집이 작은 쥐의 체내시계는 그보다 수십 배 더 빨리 움직이기 때문이다. 체내시계가 빠르건 느리건 간에 일정량의 산소를 다 쓰고 나면 수명이 끝난다. 이와 관계가 깊은 것이 활성산소다.

앞에서 보았듯이 노화 현상을 설명하는 가설은 매우 많다. 마찬가지로 노화를 늦추거나 막는 방법에 대해서도 의견이 분분하다. 그중에서 대부분의 연구자들이 효과를 인정하는 것은 '영양을 고루 섭취하면서 총 열량만 줄이는 저열량식'과 '활성산소에 의한 산화적 파괴를 막는 항산화'다. 이 두 가지 주장은 50여 년 전부터 제기되어왔다.

항산화에 관해 설명하기 전에 우선 용어부터 정리하자. '활성산소'와 '자유라디칼'은 책이나 방송에서 거의 같은 의미로 사용되고 있지만 사실은 조금 다르다. 그 미묘한 차이를 알아보자.

우리 몸의 최소 단위는 원자다. 원자의 구조는 행성계와 유사하다. 중심에는 양(+)전하를 띠는 원자핵이 있고 그 주위를 음(-)전하를 띠는 전자가 짝을 이루어 빙글빙글 돌고 있다. 전자는 쌍으로 존재하려는 경향이 강하다. 만약 원자가 손상을 입거나 해서 전자가 쌍을 이루지 못하면 다른 원자로부터 전자를 빼앗아 안정된 상태를 이루려고 한다. 전자를 빼앗긴 원자 역시 불안정한 상태에서 벗어나기 위해 다른 원자로부터 전자를 빼앗는다. 이런 연쇄적인 약탈 현상이 순식간에 퍼지면 세포와 조직이 손상을 입는다.

활성산소는 홑전자를 갖기 때문에 짝을 이루기 위해 주변의 물질로부터 강제로 전자를 빼앗는다. 이것이 '산화'다. 자유라디칼이란 이처럼 전자에 대한 반응성이 크고 화학적 성질이 불안정한 원자나 분자를 가리킨다. 그렇다면 활성산소뿐만 아니라 자외선이나 담배 연기, 표백제나 살

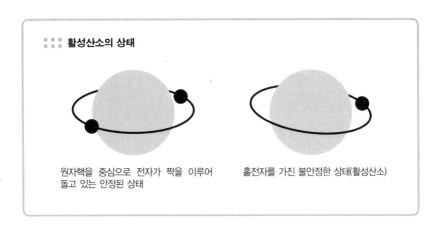

활성산소의 상태

원자핵을 중심으로 전자가 짝을 이루어
돌고 있는 안정된 상태

홑전자를 가진 불안정한 상태(활성산소)

균·소독제의 염소 등도 모두 자유라디칼이다.

흔히 산소는 이롭고 활성산소는 해롭다고 생각하지만 넓은 의미에서는 산소도 사유라디칼이다. '라디칼'이란 말은 '기(基)' 또는 '분자'를 나타내지만 '과격한'이라는 뜻도 있다. 산소가 몸속에 들어오면 생체 내 물질을 공격하고 파괴하는 가장 과격한 자유라디칼, 즉 활성산소가 된다.

활성산소는 주변의 안정된 물질로부터 전자를 빼앗아 인체의 넓은 범위에 심각한 손상을 입힌다. 이런 유해 작용이 지속적이고 만성적으로 일어나면 조직과 장기도 영향을 받게 된다. 고혈압, 동맥경화증, 심근경색증, 뇌경색증, 당뇨병, 자가면역질환, 암 등 질병의 대부분이 활성산소와 관련이 있다.

우리 조상은 미토콘드리아를 받아들임으로써 산소라는 자유라디칼의 위협에서 벗어날 수 있었다. 문제는 세포 호흡 과정에서 미토콘드리아로부터 발생하는 활성산소다. 인간이 숨을 쉬고 산소를 이용해서 에너지를 만들어 사는 동안에는 결코 활성산소의 해로부터 자유로울 수 없다.

1988년 일본 도카이대학의 이시이 나오아키(石井直明) 교수는 활성산소가 노화에 깊이 관여한다는 사실을 밝혀냈다. 그는 활성산소와 노화의 관련성을 확인하기 위해 산소에 감수성이 매우 높은 돌연변이 선충 mev-1을 만들어 노화 과정을 관찰했다. 그 결과 mev-1은 마치 고물 엔진에서 시커먼 배기가스를 뿜어내며 달리는 자동차 같았다. 체내에서 비정상적으로 다량의 활성산소가 발생하기 때문에 세포와 조직이 크게 손상됐으며, 사소한 스트레스도 견디지 못해 정상 선충의 절반밖에 살지 못했다.

이시이 교수는 먼저 mev-1의 유전자를 분석했다. SOD(superoxide dismutase)는 활성산소를 제거하는 효소인데, 이 기능을 제어하는 유전자에 문제가 있는지 살펴봤다. 그러나 유전자는 정상이었다. 이런저런 시도 끝에 mev-1의 미토콘드리아에 이상이 있다는 것을 발견했다.

미토콘드리아에서 에너지 대사가 일어날 때 활성산소가 발생하는 것은 불가피한 현상이지만 그렇다고 그대로 둘 수도 없다. 그래서 활성산소에 있는 홑전자가 짝을 이루려고 주변 물질로부터 전자를 빼앗으려 하는 점을 이용해 미토콘드리아는 전자가 밖으로 나가지 못하게 방어막을 만들어 활성산소의 발생을 억제한다. 그런데 mev-1은 이 전자 방어막을 만드는 유전자의 일부에 이상이 있었던 것이다. 이시이 교수는 이 연구 결과를 1988년에 〈네이처〉에 발표해 활성산소와 노화의 관련성을 유전학적으로 규명했다는 평가를 받았다.

체내에서 발생하는 활성산소의 90% 이상이 미토콘드리아에서 나온다. 이것이 저열량식과 운동으로 질 좋은 미토콘드리아를 많이 만들어야 하는 또 다른 이유다.

유전자가 항산화 네트워크를 지배한다

철이 산화되어 녹이 스는 것처럼 우리 몸도 활성산소로 인해 녹이 슨다. 그래도 치명적인 손상을 입지 않는 이유는 활성산소를 억제하거나 산화적 손상을 제어하는 '항산화 네트워크' 덕분이다.

SOD 같은 항산화효소는 활성산소를 무찌르는 군사 역할을 한다. 그러나 아무리 전투 기술이 뛰어나도 홀로 싸우면 불리하다. 여러 명의 군사가 머리를 맞대 작전을 짜고 힘을 모아야 언제 일어날지 모를 적의 습격으로부터 우리 몸을 지킬 수 있다.

그래서 두 가지 유형의 군사가 항산화 네트워크를 구성하기로 했다. 하나는 몸속에서 합성되는 SOD나 카탈라아제(catalase) 같은 '항산화효소'다. 또 다른 하나는 몸 밖에서 흡수되는 비타민A, 비타민C, 비타민E, 카로티노이드, 플라보노이드 같은 '항산화물질'이다.

미토콘드리아에서 발생하는 다량의 활성산소를 물리치는 주력 부대는 SOD다. SOD는 활성산소를 산소와 과산화수소로 분해한다. 문제는 과산화수소 역시 활성산소의 하나이기 때문에 산화를 일으킨다는 점이다. 이럴 때는 카탈라아제가 출동해 과산화수소를 물과 산소로 분해함으로써 활성산소를 독성이 없는 물질로 바꾼다. 항산화효소가 다 물리치지 못한 활성산소나 세포에서 발생하는 활성산소는 항산화물질이 처리한다.

이 같은 항산화 네트워크의 강한 조직력과 기능성은 그대로 수명의 길이에 반영된다. 그렇다면 인간의 노화와 수명이 노화 촉진 유전자나 장수유전자의 영향을 받는 것처럼 항산화 네트워크도 유전자와 관련이 있을수 있다.

체내에서 일어나는 항산화효소의 합성과 활성화는 유전자의 제어를 받는다. 실제로 초파리의 유전자를 조작해 SOD나 카탈라아제 같은 항산화효소를 다량으로 합성시켰더니 일반 초파리보다 더 오래 살았다. 포유류인 쥐를 대상으로 한 실험에서도 동일한 결과가 나왔다.

같은 SOD라도 생체 부위에 따라 서로 다른 유형의 SOD가 기능한다. 과산화지질을 억제하는 항산화효소인 글루타티온 과산화효소(glutathione peroxidase)도 타입별로 정해진 생체 부위에서 기능한다. 이러한 항산화효소를 때와 경우에 맞게 합성시켜 신속하게 활성산소에 의한 산화적 손상을 막아주는 물질이 앞서 소개했던 전사 인자 폭소(FOXO)다. 저열량식을 하면 폭소의 기능이 활발해진다.

　다시 한 번 저열량식이 가져오는 건강 효과의 선순환 구조를 살펴
보자.

　이처럼 저열량식은 엄청난 위력과 다양한 파생 효과들로 항노화를 극
대화한다.

피부와 눈의 건강을 해치는
자유라디칼

체내에서 발생하는 활성산소를 비롯해 자외선, 방사선, 농약, 약제, 대기오염, 식품첨가물, 담배, 스트레스 등 곳곳에 자유라디칼의 위협이 도사리고 있다. 인체에서 자유라디칼의 해를 가장 많이 받는 부위는 외부와 접촉이 잦은 피부와 눈이다.

피부나 미용과 관련된 분야에서는 자외선을 거의 '해악' 그 자체로 여긴다. '광노화'라는 말이 있듯이 평소 햇빛에 자주 노출되는 부위는 노화가 빨리 진행된다. 반면 햇빛을 받는 일이 드문 겨드랑이나 엉덩이 같은 부위는 나이가 들어도 색소 침착이나 주름이 적다. 주로 실외에서 일하거나 히말라야 근방 산악지대에 사는 사람들은 햇빛을 많이 받은 탓에 피부가 심하게 노화되어 나이보다 훨씬 더 늙어 보이는 경우가 많다.

그래도 피부는 눈에 비하면 사정이 좀 나은 편이다. 옷으로 가리거나 자외선차단제를 바르면 어느 정도는 자외선의 해를 막을 수 있기 때문이다. 하지만 눈은 그렇게 할 수가 없다. 눈이 하는 일은 빛을 받아들이는 것이다. 눈의 중심이 검은색인 이유도 빛을 집중적으로 모으기 위해서다. 그런 까닭에 우리 눈은 자외선이 끼치는 해악을 고스란히 받아들일 수밖에 없다. 게다가 눈은 대기오염이나 스트레스의 영향도 쉽게 받는다.

이런 이유로 우리 눈은 인체의 다른 어떤 부위보다도 자유라디칼로부터 자신을 보호하는 시스템이 잘 발달해 있다. 눈의 수정체와 안방수(눈의 각막 뒤와 홍채 사이의 공간이나 홍채 뒤와 수정체 사이에 들어 있는 액체)는 몸속에서 비타민C의 농도가 가상 높은 곳이다. 알다시피 비타민C는 매우 효과적인 항산화제다. 또 눈에는 혈관이 많이 분포돼 있어 노폐물이나 이물질이 잘 배출된다.

이런 노력에도 불구하고 자유라디칼의 악영향은 나이와 함께 차곡차곡 쌓여간다. 그로 인해 발생하는 안과질환의 하나가 '가령황반변성'이다. 가령황반변성은 미국에서 65세 이상에서 일어나는 실명의 대표적인 원인이며 일본에서도 최근 급증하고 있다.

황반은 눈의 안쪽을 덮고 있는 망막의 중심부에 있기 때문에 위치적으로 광노화가 진행되기 쉽다. 나도 모르는 사이에 자외선에 의한 손상이 거듭되어 황반부에 변성이 일어나기 때문에 이상을 느꼈을 때는 이미 시야의 중심이 보이지 않게 된 경우도 많다. 그렇게 되면 시력이 떨어져 책을 읽을 수 없고, 물체가 찌그러져 보이거나 심하면 사람의 표정도 인식하지 못한다. 가령황반변성은 이름 그대로 나이를 먹으면서 진행되는 질병이기 때문에 완치가 어렵다. 어떤 환자는 손자의 얼굴을 보고 싶다며 낫게 해달라고 애원했지만 노화 현상이니 어쩔 수 없다며 포기해야 했다.

가령황반변성 환자는 심혈관질환이나 고혈압을 함께 앓고 있는 경우가 많고 흡연이나 스트레스의 영향을 크게 받는다. 이런 점에서 자유라디칼과의 관련성이 클 것 같지만 아직은 이를 뒷받침할 만한 과학적 근거가 없다. 예전부터 항산화물질을 섭취하면 가령황반변성을 예방할 수 있다고 해서 나도 환자들에게 녹황색채소나 항산화 보충제를 권한 적이 있다. 그러나 이마저도 효과가 증명된 것이 아니어서 그저 안타깝기만 했다.

항산화물질로 가령황반변성을 예방 · 치료한다

그러던 중 2001년에 미국의 안과 전문지에 '영양보충제로 가령황반변성의 진행을 막거나 치료할 수 있다'는 내용의 논문이 실렸다. "다행이다!"라는 감탄이 절로 나올 만큼 반가운 소식이었다. 무려 3640명이나 되는 황반변성증 환자를 6년간 추적 조사해 얻은 결과인 만큼 신뢰성도 높았다.

연구팀은 환자를 네 그룹으로 나누어 첫째 그룹에는 비타민A · 비타민C · 비타민E · 아연을 섭취하게 하고, 둘째 그룹은 비타민만, 셋째 그룹은 아연만 섭취하게 했다. 나머지 넷째 그룹은 설탕으로 만든 가짜 약(위약)을 투여했다. 그 후 시력과 안저 검사를 했더니 비타민A · 비타민C · 비타민E · 아연을 섭취한 첫째 그룹에서 좋은 결과가 나왔다. 게다가 증상이 전혀 악화되지 않았다.

이 연구로 노환이라며 포기했던 가령황반변성의 치료 가능성은 열렸지만 항산화물질과의 관련성은 여전히 불분명했다. 그래서 나는 항산화물질이 어떤 원리로 황반변성을 치료하는지를 세포생물학 수준에서 밝혀내기로 했다.

당시 내가 있던 게이오기주쿠대학 의학부 연구팀은 준텐도대학의 시라사와 타쿠지(白澤卓二) 교수와 함께 항산화효소 SOD1이 가령황반변성에 관여한다는 가설을 세웠다. 그 가설에 따라 실험용 쥐의 유전자를 조작해 SOD1 효소를 생성할 수 없게 만든 후 성장 과정을 관찰했다. 생후 10개월이 지나서부터 쥐늘에게 뚜렷한 변화가 나타나기 시작했다. 36개의 눈 중에서 31개에 가령황반변성 특유의 침착물이 보이기 시작하더니 나이가 들수록 그 수가 늘어났다.

이 결과로 활성산소가 가령황반변성의 원인이라는 사실이 증명되었다. 동시에 활성산소가 노화의 원인이라는 사실도 증명된 셈이다. 나는 이 연구 결과를 2006년 7월 〈미국 국립과학원 회보(PNAS)〉 온라인판에 발표했다.

그 후 실험을 더 진행해서 이듬해 2007년에는 루테인이 어떤 원리로 안과질환을 예방하는지를 분자 수준에서 밝혀냈다. 루테인은 주로 식물에 들어 있는 색소 성분인데, 당시 '눈에 좋은 항산화물질'로 알려져 관심을 모으고 있었다. 내 연구팀은 루테인이 망막의 염증을 억제하고 시신경 세포를 보호하는 작용을 통해 가령황반변성을 비롯한 안과질환을 예방한다는 것을 알아냈다. 그 밖에 다른 동물 실험을 통해 미토콘드리아에서 기능하는 항산화효소 SOD2가 생명 유지에도 관여한다는 사실을 확인했다.

이 일련의 연구 결과는 활성산소로 인한 노화 현상이라며 포기했던 질환들도 항산화물질을 적극 섭취하면 예방하거나 치료할 수 있다는 사실을 말해준다. 이런 점만 보더라도 건강 장수를 위해서는 노화를 숙명으로 받아들일 것이 아니라 내 힘으로 다스리며 살겠다는 적극적인 자세를 갖는 것이 중요하다는 것을 알 수 있다.

식물성 항산화물질의
효과

우리 몸에 있는 미토콘드리아는 지금 이 순간에도 활성산소를 내뱉고 있다. 게다가 우리 주변에는 스트레스, 자외선, 식품첨가물처럼 활성산소의 발생을 촉진하는 요소들이 넘쳐난다. 그러니 지금 건강하다고 해서 활성산소를 얕보면 안 된다. 활성산소가 우리 몸에 어떤 악영향을 끼치는지를 잘 알기 때문에 거듭 강조하는 것이다.

앞에서도 말했지만 활성산소의 발생을 억제하거나 발생한 활성산소를 제거하는 물질에는 두 가지가 있다. 하나는 '몸속에서 만들어지는 것'이고, 다른 하나는 '몸 밖에서 들어오는 것'이다. 후자의 대표적인 예가 비타민A, 비타민C, 비타민E 등이다.

이들 비타민은 앞에서 소개한 연구(가령황반변성 환자 3640명을 대상으로 실시했던 대규모 조사 연구)에서 황반변성의 진행을 막거나 치료하는 효과가 있다고 밝혀졌다. 특히 비타민C는 활성산소를 직접 제거하기 때문에 자외선의 자극으로 생성되는 자유라디칼을 억제하는 데 매우 효과적이다. 비타민C가 눈의 수정체나 각막 등에 존재하는 이유도 바로 이 때문이다.

비타민C가 항산화 네트워크의 최전선에서 싸우는 군사라고 하면 후방에서 대기하고 있는 부대는 비타민A와 비타민E다. 이들 비타민은 비타민C보다 항산화력은 더 강하지만 다량으로 섭취하면 과잉증(독성 증상)이 나타날 수 있으므로 주의해야 한다(이에 관해서는 뒤에서 자세히 설명하겠다).

비타민A, 비타민C, 비타민E 외에 활성산소를 억제하는 물질로 최근 관심을 모으는 것이 녹황색채소에 풍부한 항산화물질이다. 인간이 진화 과정을 거치는 동안 다양한 생존 능력을 획득한 것처럼 식물도 자외선이나 해충 등으로부터 제 몸을 지키고 혹독한 자연환경에서 살아남기 위해 방어 능력을 갖추고 있는데, 그중 하나가 항산화물질이다.

식물이 만들어내는 항산화물질은 크게 플라보노이드(또는 폴리페놀류)와 카로티노이드로 나뉜다. 플라보노이드는 적포도주로 잘 알려진 폴리페놀류의 하나로 종류만도 4000가지가 넘는다. 녹차에 들어 있는 카테킨과 타닌, 블루베리의 안토시아닌, 깨의 세사미놀, 대두의 이소플라본 등이 이에 속한다. 최근에는 소나무 껍질에서 추출한 피크노제놀이나 은행잎 추출물 등도 많이 알려져 있다. 적포도주를 자주 마시면 심장병에 잘 걸리지 않는다는 '프렌치 패러독스'와 마찬가지로 녹차를 많이 마시면 뇌졸중이나 암 발생 위험이 낮다고 보고되었다.

플라보노이드는 활성산소의 독성을 없애는 작용이 매우 강하다. 뿐만 아니라 비타민C를 활성화하고 비타민E의 효과를 높이는 등 수용성·지용성 비타민과의 상승 효과로 항산화 네트워크 전체에 좋은 영향을 주는 것으로 확인되었다.

한편 카로티노이드에는 녹황색채소에 들어 있는 베타카로틴, 토마토에 많은 리코펜, 오렌지 등에 들어 있는 제아키산틴 등이 있다. 가령황반변성의 진행을 막거나 치료하는 효과가 있다고 증명된 루테인도 카로티노이드의 하나다.

혈중 카로티노이드 농도가 높아지면 암에 대한 저항력이 생기는 것으로 추측되고 있다. 또 카로티노이드에는 심장병을 예방하는 효과가 있다고 한다. 인간의 눈에는 루테인과 제아키산틴이 많이 존재하기 때문에 식품을 통해 이 물질들을 자주 섭취하면 가령황반변성뿐만 아니라 백내장을 예방하고 시력을 유지하는 데도 도움이 된다.

영양보충제의
'최적량'은?

비타민, 미네랄, 그 밖의 항산화물질을 보충제로 섭취하려면 '어느 정도의 양을 복용해야 효과가 있는지'를 알아야 한다. 이런 경우 항노화 의학에서는 '필요량'이 아니라 '최적량'의 개념으로 설명한다. 예를 들어 일본 후생노동성이 발표한 영양권장량은 건강을 유지하기 위해 필요한 최소량에 해당한다. 노화를 막기 위해 적극적으로 섭취하는 경우라면 그보다 훨씬 더 많은 양이 필요하다.

더욱이 요즘 농작물은 재배 방법이나 품종 개량 등의 영향으로 20년 전에 비해 영양소 함량이 30~70%나 줄었다고 한다. '필요량'만 섭취하려고 해도 옛날보다 훨씬 더 많이 먹어야 한다는 뜻이다. 그러니 '최적량'을 섭취하려면 얼마나 많이 먹어야 한다는 말인가? 양만 보면 아마 먹을 엄두도 나지 않을 것이다. 채소나 과일도 너무 많이 먹으면 섭취 열량이 증가해 저열량식의 효과가 반감되므로 오히려 안 한 것만 못한 게된다. 이런 점에서 항산화물질은 일반적인 식사로 섭취하고 '최적량'에서 부족한 분량은 보충제로 채우는 것이 현명하다.

특히 비타민C는 항산화 네트워크의 최전선에서 싸우는 중요한 역할을 하는데, 인간의 몸은 비타민C를 합성할 수 없기 때문에 식품이나 보충제를 통해 외부에서 충분히 섭취해야 한다. 인간보다 열등하다는 동물 대부분이 비타민C만큼은 하루에 100mg 이상을 거뜬히 만들어낸다. 양은 하루에 130mg, 몸집이 큰 일부 동물은 2000mg이나 합성한다. 인간은 약 4500만 년 전에 돌연변이로 인해 포도당을 비타민C로 전환하는 효소를 잃은 것으로 추정된다. 비타민C가 효과적인 항산화제라는 점에서 인간이 비타민C 합성 능력을 상실한 것은 인류의 건강에 큰 손실이 아닐 수 없다.

후생노동성이 2004년에 발표한 비타민C 하루 권장량(12세 이상의 남녀)은 100mg이지만 노화 예방을 위해서는 하루에 500mg 정도를 권한다. 특히 스트레스가 있으면 비타민C 농도가 급격히 감소한다. 비타민C는 몸에 저장되지 않아 한 번에 많이 섭취하면 소변으로 빠져나간다. 따라서 효율적으로 흡수하려면 하루에 두세 번으로 나누어 복용하는 것이 좋다.

한편 비타민A, 비타민E, 플라보노이드, 카로티노이드에도 최적량은 있겠지만 이를 구체적으로 제시하기가 매우 어렵다. 2007년에 〈미국 의사협회지(JAMA)〉에 실린 조사 결과를 보면 그 이유를 알 것이다. 베타카

활성산소의 발생 자체를 억제한다	=	자외선차단제, 금주, 금연
발생한 활성산소를 제거한다	=	비타민A, 비타민C, 비타민E, 루테인
활성산소를 제거하는 효소를 활성화한다	=	아연, 글루타치온, 적당량의 알코올
활성산소를 몸 밖으로 배출한다	=	물을 자주 마신다, 땀을 흘린다, 해독 요법
활성산소에 의한 손상을 복구한다	=	비타민B군(DNA 복구 효소군), 비타민E, 레시틴(세포막 복구)

로틴, 비타민A, 비타민E를 단독 또는 다른 항산화물질과 조합해 섭취하면 사망률이 높아진다는 것이다. 이 결과는 비타민 보충제를 꼬박꼬박 챙겨 먹던 사람들에게는 그야말로 충격이었다. 그 전에도 특정 영양 성분을 단독 또는 다량으로 복용할 경우에 일어나는 위험이나 부작용에 관해 여러 가지 연구 결과가 보고된 적이 있었다. 예를 들어 단일 성분을 다량 복용해도 암 발생을 억제하는 효과가 없다거나, 흡연자의 경우에는 오히려 발암 위험이 높아졌다는 결과도 있다.

결과들만 봐서는 선뜻 이해가 가지 않을 수도 있지만 '항산화 네트워크'라는 용어의 뜻을 되새겨보면 고개가 끄덕여진다. 아무리 효과가 뛰어난 영양소라도 그것 한 가지만 기능할 때보다는 다른 영양소와 상호작용할 때 더 큰 위력을 발휘한다. 영양소의 균형을 강조하는 이유도 그 때문이다. 그러니 항산화물질을 고루 섭취해야 항산화 네트워크도 제 역할을 할 수 있다.

베타카로틴이나 비타민A, 비타민E, 그 밖의 항산화물질의 효과는 이미 다양한 실험과 조사로 증명된 바 있다. 따라서 위의 조사 결과는 이 물질들의 효과를 부정하는 것이 아니라 특정 영양소만 다량으로 섭취하면 다른 영양소가 결핍되어 예상치 못한 악영향이 나타날 수 있다고 '경고'하는 것이다.

활성산소는
죽음의 전령사일 뿐

지금까지 나온 내용만 두고 보면 활성산소는 몸 곳곳에 나쁜 짓만 일삼는 천하의 악당이다. 그러나 알고 보면 활성산소가 우리 몸에 무조건 해로운 것은 아니다. 예를 들면 백혈구에 있는 NADPH옥시다제(NADPH oxidase)라는 효소는 강력한 활성산소를 만들어 몸에 침입한 병원균을 물리친다. 상처 부위를 살균·소독할 때 자주 쓰는 과산화수소수는 대표적인 활성산소인 과산화수소를 물에 녹인 액체다. 이를 보더라도 활성산소가 단지 인체에 손상만 주려고 존재하는 것은 아니다.

그렇다면 활성산소가 발생할 때 우리 몸이 받는 '손상'이나 '해'의 정체는 무엇일까? 이 질문에 답이 될 만한 실험 결과가 있다. 효모에 과산화수소수를 부으면 보통은 효모가 모두 죽는다. 그런데 효모에서 아포토시스를 촉진하는 Ste20(스테라일 20)이라는 효소를 변이시켰더니 과산화수소수를 부어도 죽지 않았다. 이 결과를 보면 과산화수소수 자체에는 살균 능력이 없다는 것을 알 수 있다. 과산화수소수는 단지 '자살하라!'는 신호를 보낸 것에 불과하다. 그 신호를 감지한 세포가 스스로 죽음을 선택한 것이다.

앞에서 아포토시스에 대해 설명했던 내용을 떠올려보자. 올챙이가 개구리가 되면서 꼬리가 없어지는 것이나 인간의 손가락이 다섯 개로 갈라지는 것도 발생과 분화 과정에서 불필요한 부분을 없애기 위해 세포가 스스로 죽어 사라진 결과다. 이를 보더라도 세포 자살을 유도하는 '세포자살 유전자'는 분명히 존재한다.

올챙이의 꼬리 세포가 죽음을 선택하는 이유는 자신의 개체를 위해서다. 성체가 아닌 올챙이가 살아남기에는 꼬리를 보존하는 것이 유리하지만 성체인 개구리에게는 꼬리가 거의 불필요하다. 꼬리보다는 다리의 필요성이 더욱 증가되는 것이다. 즉 꼬리가 없어지고 다리가 발달해야 성체(개체)인 개구리가 살아남아 유전자를 남길 수 있기 때문이다. 그러나 이 원리는 과산화수소수를 부었을 때 일어나는 효모의 자살에는 적용되지 않는다. 효모는 세포가 하나밖에 없는 단세포생물이기 때문이다.

세포가 죽으면 유전자를 남길 수 없는 단세포생물에조차 아포토시스가 프로그램되어 있는 이유는 무엇일까?

효모와 마찬가지로 단세포생물인 대장균에서도 아포토시스와 유사한 현상이 일어나는 경우가 있다. 배양 접시에서 대장균이 증식해 접시가 꽉

찰 정도가 되면 먹이가 충분한데도 자연수명 이전에 일찍 죽는 대장균이 늘어난다. 스스로를 '솎아냄으로써' 개체수를 줄여서 다른 무리들을 살리려는 것이다.

아포토시스는 개체의 유전자뿐만 아니라 그 개체의 상위에 있는 '종'의 유전자를 남기기 위한 목적으로 프로그램되어 있는 것이 아닐까? 만약 그렇다면 활성산소도 종을 보존하기 위해 '자살하라!'는 명령을 전달하는 '죽음의 전령사'에 지나지 않는다. 어떻게든 살아남기 위해 수단과 방법을 가리지 않는 유전자의 이기주의에 휘둘리는 불쌍한 존재인 것이다.

4부

유전자의
이기적인 선택

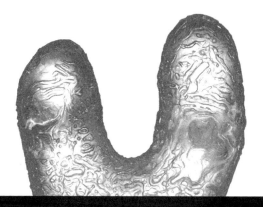

08 | 노화는 숙명인가?

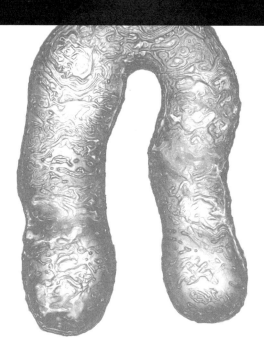

유전자의
모순

똑같은 병에 걸렸어도 젊은 사람에게는 "포기하지 말고 꼭 이겨내라"고 격려한다. 노인에게는 "나이 탓이니 어쩔 수 없다"고 위로한다. 주변 사람들만 그러는 것이 아니다. 불쾌하거나 고통스런 증상들을 늙는 과정에서 나타나는 자연스런 현상이라며 얼버무리는 일부 의사들의 태도도 섭섭하다. 같은 증상이라도 '병'과 '노화' 중 어느 쪽으로 분류되느냐에 따라 전혀 다른 취급을 받는다. 이런 연령 차별의 가장 큰 이유는 아직도 노화를 숙명으로 여기는 사회적인 관념 때문이다.

이와 반대로 톰 커크우드 박사는 노화가 피할 수 없는 운명이 아니라고 단언한다. 그가 주장한 생체희생설에 따르면 유전자는 유전 정보를 보존하기 위해 '생체 유지'보다는 '생식' 쪽에 에너지를 몰아주려고 한다. 그래서 생체를 유지하는 기능은 불완전해지고 그로 인해 생체 손상이 누적되어 노화가 일어난다는 것이다.

그의 논리대로라면 유전자는 제 잇속만 챙기는 이기적인 존재임에 분명하다. 그러나 유전자는 그저 제 유전 정보를 남기고 싶을 뿐이다. 처음부터 우리 몸을 늙게 만들려고 작정한 것은 아니라는 뜻이다.

문제는 생체 유지를 위해 일어나는 작용과 생식을 위해 일어나는 작용이 꼭 일치하는 것은 아니라는 점이다. 이런 까닭에 유전자를 연구하다 보면 신비롭다 못해 황당한 모순을 자주 발견하게 된다.

병은
대물림될까?

다원은 '생존과 번식에 뛰어난 형질을 가진 개체가 오래 살아남아 보다 많은 자손을 남긴다'고 했다. '유전은 거스를 수 없다'는 뜻으로 들린다. 부모에게 암이나 당뇨병 같은 심각한 질환이 있는 사람들은 병까지 물려받게 될까 봐 걱정이 많다. '콩 심은 데 콩 나고 팥 심은 데 팥 난다'는 속담처럼 나면서부터 신체의 미래가 정해져 있다면 삶에 대한 자세마저 소극적이 된다.

이런 경우에도 저열량식이 효과가 있다. 저열량식을 하는 궁극적인 목적은 건강하게 오래 사는 것이지만 그 과정에서 유전자에 변화가 생긴다고 한다. 어떤 내용인지 자세히 알아보자.

인간의 유전자 수는 약 2만 3000개다. 쥐의 유전자는 인간보다 더 많은 약 2만 4000개다. 그러나 이 많은 유전자가 항상 활동하고 있는 것은 아니다. 스위치가 켜져 있는(ON) 것도 있고 꺼져 있는(OFF) 것도 있다. 여러 가지 질병의 발현과 수명은 이 같은 유전자의 활성(ON)·비활성(OFF) 상태와 그 조합에 크게 영향을 받는다고 한다.

미국 캘리포니아대학의 스티브 스핀들러(Steven Spindler) 교수는 젊은 쥐와 나이 든 쥐의 간세포에 있는 1100개의 유전자를 대상으로 활성(ON)·비활성(OFF) 상태를 조사했다. 엄청난 끈기와 노력 끝에 두 유전자 그룹의 약 1%에서 활성 상태에 차이가 있다는 사실을 알아냈다. 젊음을 조절하는 유전자가 110개나 있다는 것이다.

흥미로운 결과는 지금부터다. 나이 든 쥐에게 2주간, 4주간, 8주간 저열량 먹이를 주었더니 유전자의 활성 상태에 변화가 생겼다. 4주 후에는 19종류의 유전자가, 8주 후에는 유전자의 60%가 젊은 쥐의 유전자 활성 상태와 같아진 것이다.

이 결과는 저열량식의 두 가지 가능성을 시사한다. 나이가 들어도 젊음을 되찾을 수 있다는 것과 그 효과를 단기간에 얻을 수 있다는 것이다. 인간에게도 같은 결과가 적용될 수 있다면 얼마나 좋을까? 한 달만 저열량식을 하면 젊어질 수 있으니 말이다.

인간은 정말
복잡한 동물일까?

장수 관련 유전자를 발견하는 데 큰 공을 세운 것은 예쁜꼬마선충만이 아니다. 인간의 유전자 설계도인 'DNA 염기서열'이 해독되자 유전자 연구 속도는 혁명적인 수준으로 발전했다.

인간이 가진 전체 DNA의 유전 정보를 밝히는 '인간게놈 프로젝트'는 1991년에 시작되어 10년 뒤에 초안이 완성되었다. 2003년에는 전체 서열의 95% 이상을 100%에 가까운 정확도로 해독했다. 그 후 1년 반에 걸쳐 정밀 조사를 실시하고 미지의 유전자를 탐색한 끝에 2004년에 드디어 인간게놈지도가 완성되었다.

인간게놈프로젝트가 시작됐을 무렵에는 인간의 유전자 수를 10만여 개로 추산했다. 그러나 본격적인 해독이 진행된 2001년과 2003년에 경과를 발표했을 때는 그 수가 크게 줄었다. 현재 최종적으로 밝혀진 인간의 유전자 수는 약 2만 3000개다.

혈관도 없고 심장이나 췌장 같은 장기도 없는 선충도 유전자가 1만 9000개나 된다. 인간의 유전자 수는 그 두 배에도 이르지 못한다. 그때까지 인간을 그 어느 것과도 견줄 수 없는 복잡하고 고등한 동물로 알고 있던 생물학자나 의학자들에게는 한마디로 자존심 상하는 사실이다.

초파리와 개의 유전자 수가 각각 1만 4000개와 1만 8000개인 점을 생각하면 선충을 매우 특이한 생물로 볼 수도 있다. 인간이 단순한 것이 아니라 선충이 복잡한 동물이라며 안도하는 걸 보면 인간은 선충보다 교만한 동물임에는 틀림이 없다.

100세 장수인의
염기서열 해독

혹시 '조로증'에 대해 들어본 적이 있는가? 대표적인 경우가 '허치슨 길포드 프로제리아 증후군'과 '베르너 증후군'이다. 전자는 신생아나 유년기부터 비정상적으로 전신의 노화가 진행되는 선천성 조로증이다. 후자는 주로 성인기 이후 급격히 노화가 진행되는 성인 조로증이다. 일부 노화 연구자들은 이런 특수 질환의 유전자를 규명해 노화의 원인과 메커니즘을 밝혀내려고 한다.

그러나 이들 질환에서 나타나는 조로 현상은 어디까지나 유전적인 '병적 노화'다. 주름이나 색소 침착, 내장지방의 축적처럼 나이가 들면서 서서히 나타나는 '생리적 노화'가 아닌 것이다. 이 두 가지는 명확히 다르다. 그런 점에서 노화의 원인을 밝혀내고 장수유전자를 찾는 데는 조로증 환자보다는 장수인의 임상적·유전적 특성을 연구하는 것이 더 효과적이다.

3장에서 소개했던 토마스 펄스 교수는 역학조사를 통해 "가족 중에 100세 이상의 장수인이 있는 경우 그 형제나 자매가 90세까지 생존할 확률은 그렇지 않은 경우보다 약 4배나 높다"는 사실을 발표해 많은 사람들의 주목을 받았다.

펄스 교수는 2001년에 인간게놈의 초안이 완성되자 얼른 미국 장수 가계의 DNA 염기서열을 해독해 장수유전자를 찾아야겠다고 생각했다. 그는 먼저 100세 이상 장수인과 그 가족의 혈액에서 DNA를 추출해 장수한 사람과 그렇지 않은 사람의 유전 정보를 비교했다. 장수인 가족에게는 심장병이나 뇌졸중 환자가 적다는 조사 결과를 근거로 콜레스테롤을 제어하는 유전자를 집중해서 분석했다. 특히 장수인에게는 몸에 이로운 콜레스테롤을 활성화하는 인자가 있을 것으로 보고 이를 지표로 염기서열을 해독했다.

마침내 그는 장수인의 4번 염색체에서 콜레스테롤을 제어하는 유전자를 발견하고 이것이 바로 장수유전자라고 생각했다. 그러나 이 결과는 미국의 장수 가계에만 해당했다. 일본과 프랑스의 장수 가계에서는 동일한 결과를 찾지 못했다. 인간의 노화 현상이나 유전자의 발현은 환경적 요인의 영향을 받기 때문이다.

인간게놈 프로젝트 이후 염기서열 해독을 뒷받침하는 유전공학 기술과 기기가 잇달아 개발되어 현재는 성능도 크게 향상되었다. 머지않아 장수인의 유전자 염기서열을 모두 해독해 장수유전자를 찾아내고 그 작용 원리도 밝혀낼 수 있을 것이다.

융합형 연구자

펄스 교수의 도전은 부분적인 성공으로 끝났지만 그는 거기서 멈추지 않았다. 오히려 2008년에는 연구 대상을 수천 명으로 확대했다. 그 많은 사람의 DNA를 채취하는 것만도 엄청나게 수고스런 일이다. 목표를 향한 그의 도전과 진지한 자세는 연구자가 갖춰야 할 필수 조건일 것이다.

최근 20년간 분야를 막론하고 거의 모든 연구 영역이 질적·양적으로 크게 성장했다. 펄스 교수처럼 지구 전체를 연구실로 삼아 역학조사를 하는 연구자는 그런 변화를 더 확실하게 실감할 것이다.

유전자 연구에서도 대부분의 환경이 달라지고 적용 범위도 넓어졌다. 단 하나의 유전자를 조사할 때도 유전학, 생물학, 분자생물학, 생화학, 이화학 등 여러 분야의 관점과 기술이 요구된다. 그래서 얼마나 다양한 분야의 기술을 집결시킬 수 있느냐에 따라 연구의 속도가 결정되고 성패가 갈리기도 한다.

특히 최첨단 생명공학이나 분자생물학 관련 연구에서는 수천 명 또는 그 이상의 연구 인력이 협력하는 대형 프로젝트가 드물지 않다. 또 국가 간 기술협력이나 경쟁도 점점 더 치열해지고 있다. 이런 점에서 연구자는 개인의 성취 의욕이나 도전의식 같은 기본 자질뿐만 아니라 정보 수집 능력이나 국제활동 능력까지 갖춰야 한다. 때로는 넓은 인맥이나 인간미, 친화력 같은 연구 외적인 조건들이 요구되기도 한다.

이제 이런 새로운 유형의 조건을 갖춘 융합형 연구자들이 활약하기 시작했다. 노화 현상의 신비와 수수께끼가 밝혀질 날이 머지않았다.

암 억제 유전자에
숨은 모순

한국과 일본의 사망원인 1위는 암이다. 지금도 수많은 연구자들이 암 정복을 위해 애쓰고 있지만 암은 여전히 두려운 질병이다. 그런데 암을 연구하면서 노화 현상도 함께 연구하는 경우가 많다고 한다. 그 반대도 마찬가지다. 암과 노화는 진행 과정이 서로 교차되기 때문이다. 그렇다면 암을 억제하면 노화도 막을 수 있을까? 결론부터 말하자면 '아니오'다.

우리 몸에는 암을 감시하고 증식을 억제하는 암 억제 유전자가 존재한다. 대표적인 것이 p53 유전자다. p53 유전자는 세포의 DNA가 심각한 손상을 입으면 세포가 더 이상 분열하지 않도록 막고 아포토시스를 유도하는 일을 한다.

p53 유전자와 암의 관련성은 실험으로도 확인되었다. 쥐의 유전자를 조작해 p53 유전자가 발현되지 않게 했더니 젊었을 때 암에 걸렸고, 반대로 p53 유전자를 활성화시킨 쥐는 암에 잘 걸리지 않았다. 이런 작용 때문에 p53 유전자는 '유전자의 수호자'로 불리며 암의 예방법과 치료법을 찾는 데 큰 역할을 할 것으로 기대를 모으고 있었다.

그런데 2002년 〈네이처〉에 p53 유전자에 관한 의외의 연구 결과가 실렸다. p53 유전자를 과발현시킨 쥐는 일반 쥐보다 암 발생률은 낮았지만 대신 조직의 노화가 빨라 장기가 마치 노쇠한 늙은 쥐의 상태와 같았다고 한다. 암 억제 유전자는 본래 손상된 세포에 대해 분열과 증식을 막지만 그 작용이 지나치면 건강한 세포에까지 해가 미친다는 것이다.

이 밖에도 '암 억제 = 노화 억제'가 성립하지 않은 예는 많다. 암의 원인이 되는 활성산소도 그중 하나다. 활성산소로 인해 DNA가 손상되면 비정상적인 속도로 증식하는 암세포가 만들어질 수 있다. 그래서 활성산소를 억제하거나 제거하는 것이 곧 암의 예방과 치료로 이어진다고 생각했지만 몇몇 연구 결과에서는 꼭 그렇지만도 않은 것으로 나타났다.

중년 이후의 유전자 발현에
주의한다

유전자 돌연변이는 환경의 변화에 적응하기 위한 진화의 한 형태이나 암 같은 질병을 유발하거나 특정 성향을 일으켜 인체에 악영향을 미치는 경우도 있다. 돌연변이로 인한 유전자 결함은 대개 유전병으로 자손에게 대물림된다. 그 하나가 헌팅턴병(Huntington's disease)이다.

헌팅턴병은 뇌의 특정 부분이 위축되는 유전성 신경변성 질환이다. 일본에서는 100만 명에 5~6명 미만으로 나타나는 희귀한 질환이지만 서구에서는 그보다 빈도가 높아 10만 명에 4~8명이 앓고 있다. 이 병에 걸리면 인식력이나 감정·동작을 조절하는 힘이 없어져 마치 춤을 추는 듯한 움직임이 나타난다. 그래서 헌팅턴병을 무도병(舞蹈病)이라고도 한다. 주로 30~60세에 발병하는 것도 특징의 하나다.

20세기 전반에 활약한 영국의 유전학자 홀데인(J.B.S. Haldane) 박사는 헌팅턴병 같은 질병의 유전자가 왜 진화 과정에서 도태되지 않았는지 의문이 들었다. 그러다가 이 병이 주로 중년 이후에 발병한다는 사실에 주목하고 다음과 같은 가설을 제시했다.

어느 정도 나이가 든 후에 발현되는 돌연변이 유전자는 생식 능력에 영향을 덜 미치기 때문에 자연도태를 회피할 수 있다. 헌팅턴병은 이미 자손을 둔 후에 발병하는 경우가 많은데, 이처럼 결함을 가진 유전자가 생식시기에 발현되지 않으면 그 결함이 인식되지 않기 때문에 제거되지 않고 다음 세대로 전해진다는 것이다. 그 후 영국의 면역생물학자 피터 메더워(Peter Brian Medawar) 박사는 헌팅턴병 유전자처럼 나이가 들었을 때 악영향이 나타나는 돌연변이를 노화의 원인으로 보는 '돌연변이 축적설'을 제시했다. 중년 이후에 신체 기능이 떨어지고 노화되는 것은 생식시기가 지난 후에 발현되는 유전자 돌연변이가 누적되기 때문이라는 것이다. 이 주장을 뒷받침하는 결정적인 증거는 아직 없다. 그러나 실제로 대사증후군은 물론이고 암을 일으키는 유전자 돌연변이는 중년 이후에 발현되는 경우가 많다. 그것이 인간의 노화와 수명에 깊이 관여하는 것도 사실이다.

유전자 돌연변이는 모든 생물에서 일어난다. 가혹한 자연환경에서 사는 야생동물은 수명이 짧은 편이라서 돌연변이로 인한 노화가 문제 되지 않을 뿐이다. '100만 년 전'의 인류 역시 오래 살지 못했기 때문에 몇십 년간이나 노화를 겪는 일은 없었다. 노화가 무엇인지도 모르는 그들에게는 수명이나 죽음도 생존 과정에서 일어나는 사고나 사건에 지나지 않았을 것이다.

줄기세포의
노화

　'줄기세포(stem cell)'란 말 그대로 세포의 줄기가 되는 세포다. 줄기에서 가지와 잎이 나오듯 줄기세포로부터 새로운 세포가 분화된다. 그래서 줄기세포는 세포의 기본이다. 암을 억제하는 p53 유전자가 감시하는 대상도 줄기세포다. 줄기세포는 인체의 특정 조직에만 있으며 전체 세포의 0.001%밖에 되지 않는다.

　요즘 자주 듣는 '배아줄기세포(embryonic stem cells, ES세포)'는 세포의 줄기 중에서 가장 굵은 줄기라고 생각하면 된다. 인체를 이루는 60조 개의 세포는 본래 단 하나의 수정란에서 출발한다. 수정란이 몇 차례 분열을 반복해 생긴 초기 세포는 인체의 어떤 세포로도 분화할 수 있다. 그래서 배아줄기세포를 '만능 세포'라고 한다. 복제 양 '돌리'를 만드는 데 이용했던 세포가 바로 이 배아줄기세포다.

배아줄기세포가 분열하면 '성체줄기세포'가 된다. 만능성은 잃지만 몇 가지 유형의 세포로 분화할 수 있는 '다분화능'을 갖고 있다. 골수, 심장, 근육, 피부, 신경 등 인체의 조직과 장기에는 각각의 역할에 맞는 성체줄기세포가 존재한다. 예를 들어 골수에는 골수 줄기세포, 간에는 간 줄기세포, 피부에는 피부 줄기세포가 있다.

줄기세포는 우리 몸 깊숙한 곳에서 잠자고 있다가 가끔씩 깨어나서는 두 개로 분열한다. 하나는 자신과 똑같은 세포이고, 또 하나는 인체의 다른 조직이나 장기가 될 수 있는 세포다. 자신과 똑같은 세포를 만들어내므로 줄기세포는 '복제의 원본'인 셈이다.

일반적으로 세포는 분열 횟수가 정해져 있기 때문에 일정 횟수만큼 분열하면 손상되거나 죽는다. 그럴 때 새로운 세포를 복제하기 위한 원본 역할을 하는 것이 줄기세포다.

복제를 너무 자주 하면 원본이 손상된다. 그래서 줄기세포는 분열로 자신과 똑같은 딸세포를 만들어서 평소에는 이것을 원본 대신 사용한다. 원본이 손상되지 않도록 조심하고 또 조심하자는 전략이다. 이런 이유로 원본인 줄기세포는 웬만한 일로는 분열하지 않는다. 그래서 줄기세포가 손상을 받아 노화되면 그때야말로 장기는 수명을 다하게 된다. 따라서 세포 중에서도 특히 줄기세포의 노화를 막는 것이 무엇보다 중요하다. 그 열쇠를 쥐고 있는 깃이 줄기세포를 감시하는 p53 유전자다.

노화 연구가 발전하자 '세포의 노화'에서 한 걸음 더 나아가 '줄기세포의 노화'라는 개념이 등장하였고 연구 성과도 잇달아 발표되고 있다. '줄기세포의 노화'는 21세기 노화 연구의 새로운 패러다임으로 항노화 의학의 미래를 여는 중요한 역할을 할 것이다.

세계 최초의
성체줄기세포 이식

줄기세포는 주로 재생 의학 분야에서 주목을 받았다. 예를 들어 백혈병 치료법의 하나인 골수 이식은 간단히 말해 줄기세포의 일종인 조혈모세포(골수에서 자가복제 및 분화를 통해 백혈구, 적혈구 및 혈소판 등의 혈액세포를 만들어 내는 세포)를 이식하는 것이다. 조혈모세포는 혈액의 '씨앗'이다. 암화한 백혈구를 방사선으로 모두 파괴하고 백혈구가 만들어지는 골수에 정상 혈액의 '씨앗'을 심어서 병든 혈액을 모조리 새로 생성된 정상 혈액으로 바꾸는 방법이다.

사실은 우리 몸속에서도 세포를 일부러 노화시켜서 아포토시스를 유도해 암세포를 물리치는 작용이 되풀이되고 있다. 골수 이식은 인체의 이런 자연 작용을 인공적이고 대규모로 재현한 치료법이라고 할 수 있다.

이 같은 재생 의학의 연구 성과와 임상 자료, 고도의 기술에 힘입어 지금 항노화 의학에서도 줄기세포 연구가 비약적으로 발전하고 있다. 재생 의학과 항노화 의학은 무한한 가능성과 신비를 품은 줄기세포라는 강력한 '도구'를 공유하고 있다. 두 분야는 연구를 통해 서로 영향을 주고받다가 결국 융합되어 하나가 될 것이다. 그렇게 되기를 바라고 있다.

안과 의사인 나도 줄기세포 연구에 동참하고 있다. 1992년부터 '각막 상피의 줄기세포 이식'을 임상에 적용하고 있다. 각막 상피는 각막의 가장 바깥쪽 층으로, 각막을 보호하는 방어막 역할을 한다. 사고나 질병으로 각막이 손상되어 실명했을 때 시력을 되찾는 유일한 방법은 각막 이식이다. 그러나 이것도 상피의 줄기세포가 건재한 경우에만 가능하다. 이식이 성공하더라도 상피가 재생되지 못하면 각막이 정상 기능을 할 수 없어 결국 시력이 회복되지 않기 때문이다. 이런 이유 때문에 아예 각막 이식 자체를 포기하는 경우가 많았다.

손상된 상피에 '씨앗'을 심는 '각막 상피의 줄기세포 이식'은 환자의 고통을 조금이라도 덜어주고 싶다는 간절함에서 나온 치료법이다. 다른 쪽 눈에 상피가 남아 있으면 거기에서 줄기세포를 추출해 배양한 후 이식하면 된다. 만약 각막 상피가 전혀 남아 있지 않더라도 적응 조건을 만족하는 기증자를 찾는 방법도 있다.

어떤 환자는 다행히 한쪽 눈에 상피가 조금 남아 있었다. 거기에서 줄기세포를 추출, 배양해서 새로운 상피막을 만들었다. 그것을 눈 표면에 이식한 후 상피가 완전히 재생되는 것을 확인하고 나서 각막을 이식했다.

마침내 그 환자는 세상을 다시 볼 수 있게 되었다. 그 후 여러 명의 환자에게 이 치료법을 적용했다. 현재 성공률은 70~80%에 이른다. 환자들은 시력뿐만 아니라 삶에 대한 의지도 되찾았다. 그들이 이전보다 훨씬 더 밝고 적극적으로 살아간다는 소식을 들었을 때 나는 큰 보람을 느꼈다.

그러던 어느 날 줄기세포에 관한 논문을 읽다가 골수 이식 외에 성체줄기세포를 이식한 사례가 아직 없다는 내용을 보고 깜짝 놀랐다. 내가 이식했던 각막 상피의 줄기세포는 피부나 근육 등의 조직과 장기에 존재하는 성체줄기세포다. 나는 그제야 내가 세계에서 처음으로 성체줄기세포 이식을 했다는 것을 알았다.

이를 계기로 1999년 당시에 내가 일하고 있던 도쿄치과대학의 안과 연구팀은 7년 동안 시술했던 각막 상피의 줄기세포 이식에 관한 자료를 1년 반에 걸쳐 정리하고, 이를 논문으로 완성해 〈뉴잉글랜드 저널 오브 메디슨(NEJM)〉에 발표했다.

〈뉴잉글랜드 저널 오브 메디슨〉은 세계적인 의학 전문지로, 여기에 게재된 논문의 대부분은 여러 대학의 협동 연구로 얻은 결과들이다. 한 대학의 소규모 연구팀이 독창적인 발상으로 거둔 성과를 분야도 다른 외과 영역에서 논문으로 발표하는 일은 흔치 않다. 환자를 돕고 싶었던 순수한 의도는 크나큰 보람으로 이어지고 결국 '세계 최초의 성체줄기세포 이식'이라는 자부심으로 열매 맺게 되었다.

iPS 세포의
등장

2006년 일본 교토대학 재생의학과연구소의 야마나카 신야(山中伸彌) 교수의 연구팀은 성인의 피부세포를 이용해 배아줄기세포처럼 인체의 모든 세포로 분화가 가능한 줄기세포를 만드는 데 성공했다. 이 줄기세포를 iPS 세포(induced Pluripotent Stem cell)라고 한다. 이 소식에 전 세계 과학계가 들썩였다. 안정성 높은 고도의 의료 기술을 원하던 사람들도 환호를 했다.

iPS 세포는 '유도 만능 줄기세포'라고 한다. 본래 만능 세포라고 하면 수정란에서 얻는 배아줄기세포를 가리킨다. 배아줄기세포는 손상을 입거나 소실된 신체 일부를 재생해 병든 장기와 교체하는 재생 의학 분야에서 특히 큰 기대를 모으고 있었다.

그러나 수정란을 이용해 조직이나 장기를 만드는 데는 여러 가지 윤리적 문제가 따른다. 게다가 나와 다른 유전자를 가진 배아줄기세포를 이용하기 때문에 면역 거부 반응이 나타날 수도 있다. 이런 현실적인 문제에 가로막혀 환자들의 급박하고 절실한 바람은 무너질 수밖에 없었다.

iPS 세포는 체세포만 이용해서 만들기 때문에 수정란의 배아를 파괴해서 얻는 배아줄기세포와 달리 생명윤리적인 논란이 거의 없다. 또 환자 자신의 세포를 이용하기 때문에 면역 거부 반응을 걱정하지 않아도 된다. 그야말로 이상적인 만능 세포인 것이다.

복제 양 돌리를 탄생시킨 이언 윌머트(Ian Wilmut) 박사는 이번 연구가 '새로운 줄기세포 생물학'의 시대를 열었다고 평가했다. 그리고 자신도 앞으로 배아줄기세포 연구를 단념하고 연구 방향을 바꾸겠다고 말했다.

알다시피 윌머트 박사는 세계 최초로 체세포 복제 기술을 개발해 10년 넘게 그 분야에만 매진했던 재생 의학의 대가다. 그런 그가 다른 연구 성과의 가치를 높이 평가하고 흔쾌히 자신의 연구 방향을 전환하겠다고 선언한 것이다. 과학자가 모범으로 삼아야 할 당당함과 과감함을 모두 갖춘 대가다운 모습에 세계는 돌리의 탄생에 이어 다시 한 번 놀라움을 감추지 못했다.

윌머트 박사를 비롯해 전 세계 과학자들은 야마나카 교수와 그가 이끄는 연구팀을 향해 칭찬과 격려의 말을 아끼지 않았다. 줄기세포 연구 분야에서 일본이 가진 위상과 기술 수준은 높지만 iPS 세포를 임상에 적용하려면 아직 넘어야 할 산이 많다. 수많은 과제를 하나씩 해결해가며 험난한 길을 헤쳐나가야 한다.

인류 건강에 대한 공헌과 경제적 가치를 따지자면 iPS 세포의 개발은 지구 온난화 같은 환경 문제와 어깨를 나란히 할 만큼 중대한 연구 과제다. 미국은 iPS 세포 연구에 주(州) 단위로 막대한 예산을 지원하고 있다. 매사추세츠 주는 2조 원 가까이, 캘리포니아 주는 무려 4조 원이 넘는 예산을 확보했다. 아낌없는 경제적 지원에 힘입은 몇몇 주는 관련 분야의 전문가로 구성된 연구팀을 만들어 대규모 공동 프로젝트를 수행하고 있다. 그에 비해 야마나카 교수의 연구팀은 국가적인 지원을 떠나 이미 규모 면에서 그들과 경쟁이 되지 않는다.

〈셀〉에 iPS 세포 개발에 대한 논문이 게재된 지 얼마 지나지 않아 학회에서 우연히 야마나카 교수를 만났다. 그는 "장거리 이어달리기를 나 혼자서 하고 있는 셈이죠"라며 자신이 그린 그림 한 장을 보여주었다. 하버드 팀, 케임브리지 팀, UCLA 팀, 스탠퍼드 팀 등 쟁쟁한 실력을 갖춘 대학 팀은 여러 명이 한 조를 이루어 느긋하게 바통을 주고받으며 달리고 있다. 가운데 유일하게 혼자 달리고 있는 외롭지만 강인한 주자, 그가 야마나카 교수다.

혼자 달릴 수 있는 거리에는 한계가 있다. 그래서 야마나카 교수는 노선을 바꿨다. 미국의 대규모 연구팀들이 가지 않는 다른 길을 선택한 것이다. 마침내 가장 먼저 결승점에 도착했다. 그러나 승리의 기쁨은 잠시뿐이었다. iPS 세포 세계의 진정한 선두 다툼은 지금부터이기 때문이다.

iPS 세포의 개발 과정

피부 줄기세포에는 그 사람의 모든 유전 정보가 들어 있다. 그러나 피부가 되기 위해 필요한 정보 이외는 모두 '봉인'돼 있다. 그래서 피부 줄기세포에서 근육이 만들어지는 일은 없다. 피부 줄기세포에서는 피부만 만들어진다. 그런데 만약 피부 줄기세포의 봉인을 열 수 있다면, 다시 말해 세포의 시계를 거꾸로 돌려 '초기화'할 수 있다면 피부 줄기세포는 배아줄기세포처럼 어떤 세포로도 분화할 수 있는 만능 세포가 되지 않을까?

그러려면 초기화를 일으키는 인자를 규명해야 한다. 야마나카 교수는 그 인자(단백질)의 설계도인 유전자를 찾기로 했다. 그 유전자를 찾을 수 있는 가장 확실한 방법은 인간이 가진 2만 3000개의 유전자를 하나하나 살펴보는 것이다. 그러나 이런 방법으로는 막대한 연구비와 인력을 투입하는 대규모 프로젝트를 결코 앞설 수 없다. 더구나 초기화에 필요한 유전자가 단 하나라는 보장도 없다. 만약 여러 개의 유전자가 조합된 형태라면 이를 찾아낼 확률은 2만 3000분의 1을 넘는다.

그래서 야마나카 교수는 대규모 프로젝트의 주자들이 가지 않는 다른 길을 가기로 했다. 목표에 이르는 최단 코스를 만드는 것이다. 이 최단 코스란 '배아줄기세포라면 반드시 있어야 하는 특성'을 갖추려 그 조건에 맞는 유전자를 찾아내는 분석·평가 시스템(assay system)을 가리킨다. iPS 세포를 만드는 데 이 분석·평가 시스템이 어떤 공헌을 했는지 알아보자.

초등학교 과학 시간에 리트머스 시험지로 실험했던 기억이 있을 것이다. 리트머스 시험지에는 붉은색과 푸른색 두 가지가 있다. 산성 용액에 적시면 푸른색 리트머스 시험지가 붉어지고, 알칼리성 용액에 적시면 붉은색 리트머스 시험지가 푸르게 변한다. 그래서 색의 변화로 용액이 산성인지 알칼리성인지 쉽게 알 수 있다. 얼핏 무척 단순해 보이지만 리트머스 시험지가 없었다면 용액마다 수소이온 농도(pH)를 측정해 산성과 알칼리성을 구분하는 지루한 작업을 해야 한다. 이런 점에서 리트머스 시험지법은 매우 유용한 분석·평가 시스템이다.

야마나카 교수가 개발한 분석·평가 시스템을 리트머스 시험지법에 비유하자면 리트머스 시험지는 '배아줄기세포에서 특이적으로 발현하는 유전자'이다. 그 유전자가 다량으로 발현된 세포라면 배아줄기세포가 틀림이 없다.

2만 3000개의 유전자 중에서 배아줄기세포에 특징적인 단백질을 만드는 유전자는 24개로 좁혀졌다. 이 24개의 후보 유전자에서 하나만 빼고 나머지를 피부 세포에 주입해 초기화가 일어나는지 확인했다. 만약 초기화가 일어나지 않았다면 그 하나의 유전자는 초기화에 반드시 필요한 유전자일 가능성이 높다. 이런 방법으로 피부 세포를 만능 세포로 만드는 네 개의 유전자를 찾아냈다. 이렇게 해서 만들어진 세포가 iPS 세포다.

구부정한 허리에 주름 가득한 얼굴로 허공을 바라보던 한 노인이 서서히 중년으로, 청년으로, 어린아이로 변하더니 마지막에 수정란으로 돌아간다. 이런 만화 같은 장면이 실제로 세포 수준에서 일어난다는 것이다. iPS 세포의 등장으로 젊고 건강하게 오래 살고 싶다는 모든 사람의 꿈이 성큼 현실로 다가서게 되었다.

5부

건강 장수를 위한 투자

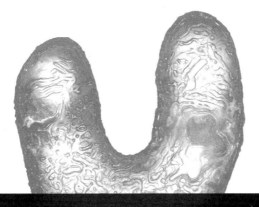

09 | 장수유전자의 잠을 깨운다

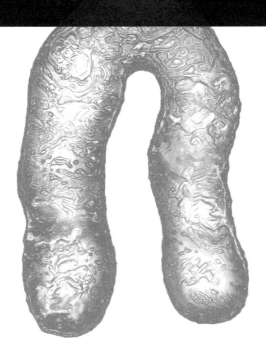

장수유전자 발현의
메커니즘

눈을 감고 잔잔한 호수의 수면을 떠올려본다. 이때 갑자기 돌 하나가 날아든다. 돌이 튈 때마다 수면 여기저기에 잔물결이 인다. 잔물결이 겹치면서 점점 더 큰 물결이 되어 넓게 퍼진다. 잔잔했던 수면이 일렁이기 시작하더니 이내 호숫가의 정적이 깨졌다. 한번 파문이 일면 어떤 힘으로도 멈출 수가 없다. 그래서 돌을 던지는 어리석은 짓은 애초에 하지 말아야 한다.

유전자에 대해서도 마찬가지다. 유전자 자체는 오래 전부터 연구되어 왔지만 어느 유전자가 어떤 방식으로 단백질에 정보를 전달하는지, 어떤 경우에 발현하지 않는지는 아직 잘 모른다. 그러나 환경이 유전자 발현에 영향을 미친다는 사실은 이미 잘 알려져 있다. DNA 염기서열의 변화 없이 후천적으로도 유전자의 발현이나 기능에 변화가 생길 수 있고, 그 변화가 자손에게 전해질 수 있다. 이 메커니즘을 연구하는 분야가 '후성유전학(epigenetics)'이다.

똑같은 유전자를 가진 일란성 쌍둥이가 환경에 따라 다르게 성장할 수 있다는 사실은 유전자의 형질 발현에 환경적 요인이 크게 작용한다는 것을 말한다. 그 환경적 요인을 조절하면 결함을 가진 유전자는 발현을 억제하고 우수한 형질의 유전자는 적극적으로 발현을 유도할 수 있다. 다시 말해 유전자의 발현은 호수의 수면과 다르게 아무리 큰 파문이 생겼더라도 포기할 필요가 없다는 것이다.

장수유전자인 시르투인 유전자의 발현을 조절하는 환경적 요인이 바로 저열량식과 운동이다. 저열량식과 운동은 인체를 대사증후군의 반대 상태로 만들어 장수유전자를 활성화시킨다. 그 과정을 살펴보자.

저열량식과 운동을 하면 인체에 더욱 살찌라고 명령하는 인슐린이나 그것과 유사한 기능을 하는 성장 인자 IGF-1이 작동을 멈춘다(OFF). 다음은 내장지방을 연소하라고 명령하는 AMPK가 활성화된다(ON). 그러면 근육에 에너지 생산 효율이 높은 고성능 미토콘드리아가 많이 생성되고, 이로 인해 운동 능력이 높아진다. 자연히 내장지방이 줄어들기 시작하므로 대사증후군을 막는 아디포넥틴이 혈액으로 점점 더 많이 분비된다. 이와 연동해 활성산소를 제거하는 유전자나 줄기세포 노화를 억제하는 유전자, 수명을 늘리는 시르투인 유전자 등이 발현되는 것이다.

저열량식을
실천하는 사람들

미국에는 저열량식을 실천하는 사람들이 모여 만든 '칼로리 리스트릭션 소사이어티(The CR Society)'라는 단체가 있다. 이 단체는 장수에 관심 있던 네댓 명이 카페에서 모임을 가졌던 것에서 출발했다. 1994년부터 활동을 시작해 2002년에 NPO(비영리 민간단체)로 등록되었으며 현재 노스캐롤라이나에 사무국을 두고 있다.

칼로리 리스트릭션 소사이어티는 단순한 동호회 수준을 넘는 활동을 하고 있다. 저열량식에 관한 대부분의 정보를 무료로 제공하며, DVD와 요리책을 제작하고, 해마다 총회도 연다. 회원이 되면 의사와 상담하거나 여러 가지 지원도 받을 수 있다고 한다. 관심 있는 분들은 홈페이지에 한

번 들러보도록 한다(http://www.crsociety.org/). 나도 그동안 홈페이지를 통해 정보는 얻고 있었지만 도대체 어떤 사람들이 어떤 방법으로 저열량식을 실천하는지 직접 보고 싶었다.

드디어 2007년 가을에 기회가 왔다. 미국 텍사스주 샌안토니오에서 칼로리 리스트릭션 소사이어티의 학회가 열린다는 것이다. 공교롭게도 그날은 다른 일정이 있어 아무리 서둘러 가도 학회 후에 열리는 파티에나 겨우 참석할 수 있었지만 그래도 가기로 했다.

일본에서 일정을 마치고 저녁이 돼서야 미국으로 출발했다. 공항에서 급히 차를 몰아 학회 장소에 도착했지만 파티는 이미 시작된 지 오래였다. 게다가 누구에게 말을 걸어야 할지 몰라 한참을 머뭇거리고 있었다. 그때였다. 저열량식 연구로 유명한 캘리포니아대학의 스티븐 스핀들러(Steven Spindler) 박사를 비롯한 몇몇 아는 얼굴들이 나를 반갑게 맞아주었다.

이들에게 칼로리 리스트릭션 소사이어티 구성원들은 바랄 나위 없는 귀한 연구 대상이다. 구성원들도 자신들의 건강 상태를 살피고 그에 관해 조언해주는 연구자들을 미덥게 생각하고 있었다. 연구자들과 구성원 간의 오랜 신뢰 관계는 단체의 발전에도 기여했다.

이곳에 오기 전에 내 친구가 이런 말을 했었다. "그 사람들 말이야, 하나같이 비쩍 마른 데다 표정도 어둡다니까. 밤마다 실컷 먹는 꿈까지 꾼대. 그래도 어쩌겠어. 지금에 와서 그만둘 수도 없으니 여태 버티고 있는 거지."

그러나 구성원들은 모두 진지하고 성실하게 건강과 장수를 위해 노력

칼로리 리스트릭션 소사이어티 구성원들과 함께. 맨 왼쪽이 미국 캘리포니아대학의 스티븐 스핀들러 교수이고, 맨 오른쪽이 필자다.

하고 있었다. 사람들이 오해하는 것처럼 그들은 결코 별나지도 까다롭지도 않았다. 도리어 밝고 건강하고 활기찼다. 테이블에 차려진 음식들은 대부분 채식이었지만 다들 맛있게 먹었다. 와인을 마시는 사람도 있었다. 저렇게 먹고 마시고도 하루 섭취량이 1300~1500kcal 정도밖에 되지 않는다면 저열량식을 한다고 너무 무리할 필요는 없겠다 싶었다.

식사하는 모습에서는 특별한 점을 찾을 수 없었지만 대화를 나눠보니 그들이 저열량식에 관해 전문가 못지않게 풍부한 지식을 갖고 있다는 것을 알게 됐다. 매일 저열량식을 하는 것이 힘들지 않느냐고 물었더니 오히려 즐겁다고 입을 모았다. 그러면서도 저열량식의 문제점을 정확히 지적했다. 바로 골다공증이다. 그들에게는 골다공증을 예방하는 것이 가장 중요한 과제였다.

뼈를 튼튼하게 하려고 매일 일광욕을 한다는 사람이 있어서 자외선의

해가 걱정되지 않느냐고 물었다. 그는
자외선을 많이 받으면 피부에 악성흑
색종(멜라닌 색소를 만들어내는 멜라닌 세포
의 악성화로 생긴 종양)이 생길 확률이
1.6배로 늘어나고 피부도 검게 그을리
지만 장점도 있다고 강조했다. 햇빛을
쐬면 몸속의 비타민D가 활성화되기
때문에 암 발생률이 절반으로 줄어들
고 비타민D가 결핍돼서 생기는 자가

칼로리 리스트릭션 소사이어티 사무국 국장

면역질환이나 우울증도 예방할 수 있다는 것이다. 이런 점을 종합할 때
강한 햇빛에 장시간 노출되는 것만 피한다면 자외선은 노화를 막는 데 도
움이 된다고 설명했다.

칼로리 리스트릭션 소사이어티의 구성원들과 이야기를 나누다 보면
이런 종류의 화제가 그칠 줄을 모른다. 그들은 무엇을 하건 간에 항상 건
강과 장수를 위해 득과 실을 따진다. 그렇게 몇 년에서 몇십 년을 생활하
고 있다. 저열량식의 효과에 대한 믿음과 장수에 대한 확고한 의지가 없
다면 불가능한 일이다.

갈수록 대사증후군이 늘어만 가는 현실을 생각하면 앞으로도 그들에
게 배울 것이 많다. 그들의 식습관과 생활방식을 그대로 따르지는 못하더
라도 노화를 막아 오래도록 건강하게 살고자 애쓰는 흐뭇한 모습은 잊지
않을 것이다.

저열량식 & 운동의
효과적인 실천 요령

2008년 9월 드디어 일본에도 독자적인 '칼로리 리스트릭션 소사이어티(http://www.crs-j.jp/)'가 설립되었다. 미국, 캐나다, 오스트레일리아에 이어서 생긴 것이지만 영어권 국가 외에서는 처음 있는 일이다. 나는 여기서 의료 자문위원을 맡게 되었다.

저열량식을 하는 데 있어 굳이 지역이나 인종을 따지는 데는 그럴 만한 이유가 있다. 오랫동안 육류 위주의 식사를 해온 서구인과 쌀을 주식으로 먹는 한국인이나 일본인은 체내 소화효소의 종류와 양에서부터 차이가 난다. 그러니 미국 가정에서 생활하던 동양인 학생이 10kg이나 살이 쪄서 돌아왔다는 이야기가 헛소문만은 아닌 것이다.

현재 일본인 세 명 중 한 명은 비만유전자로 불리는 'β3 아드레날린수용체 유전자'에 이상이 있어 탄수화물을 에너지로 충분히 이용하지 못한다. 쉽게 말해 '살찌기 쉬운 체질'인 것이다. 여기에는 유전적인 배경이 있다.

일본인은 거칠고 영양가 낮은 음식을 먹고 살던 기간이 매우 길었다. 그 때문에 기근에 대비해 되도록 에너지 소비를 줄이고 지방을 쌓아두는 유전자 변이를 가진 사람들만이 살아남을 수 있었다. 이런 유전적 다형성(생물의 같은 종에서 개체가 어떤 형태와 형질 등에 관해 다양성을 나타내는 상태)으로 인해 식생활이 서구화된 지 한참이 지난 지금에도 서구인의 식생활을 따르면 금세 내장지방이 쌓이고 대사증후군이 된다.

따라서 저열량식과 운동의 효과를 극대화하려면 체질적인 특성과 생활방식을 고려한 맞춤 식단과 운동 처방이 필요하다. 지금부터 일러주는 몇 가지 요령을 지킨다면 무리하지 않고 더 큰 건강 효과를 얻을 수 있다.

당지수가 낮은 식품을 골라 먹는다

앞에서도 말했지만 섭취한 탄수화물이 충분히 에너지로 바뀌지 못해 혈당치가 쉽게 오르는 사람이 많다. 이런 체질적인 약점을 극복하려면 무엇보다 식품 선택에 주의해야 한다.

앞에서 언급했던 저인슐린 다이어트는 당지수(glycemic index, GI)가 낮은 식품 위주의 식사로 인슐린의 분비를 조절해서 체중을 줄이는 방법이다. 당지수는 1981년에 캐나다 토론토대학의 데이비드 젠킨스(David Jenkins) 박사 등이 고안한 개념이다. 쉽게 말해 '음식이 소화되는 과정에서 몸 안의 혈당이 오르는 속도'를 수치화한 것이다.

열량이 같은 음식이라도 구성 물질에 따라 혈당이 오르는 속도, 즉 당지수가 다르다. 먹었을 때 혈당이 가장 급히 오르는 것은 밥이나 빵 같은 탄수화물 식품이다. 탄수화물 식품도 종류마다 당지수가 다르다.

예를 들어 열량이 같은 밥이라도 현미밥보다는 흰밥을 먹었을 때가 혈당이 훨씬 더 빨리 오른다. 그러면 "살쪄!"라고 명령하는 인슐린의 혈중 농도도 상승한다. 따라서 당지수가 낮은 식품을 골라 먹으면 내장지방이 쌓이지 않고 당뇨병을 예방하는 데 도움이 된다.

모든 식품의 당지수를 알아두기는 어려우므로 당지수가 낮은 식품의 특징을 기억해두도록 한다. 예를 들어 백미보다는 현미, 우동보다는 메밀국수처럼 도정을 덜 한 곡류로 만든 것이나 색이 진하고 껍질이나 섬유질이 많은 것이 당지수가 낮다.

나는 당뇨병 위험군이라서 평소에 탄수화물 식품은 거의 먹지 않지만 가끔 먹고 싶을 때는 식이섬유가 풍부한 채소부터 듬뿍 먹는다. 그리고 나서 맨 마지막에 탄수화물 식품을 조금 먹는다. 탄수화물 식품을 먹을 때는 혈당이 급히 오르지 않도록 당지수가 낮은 것부터 먼저 먹고 밥이나 빵같이 당지수가 높은 것은 나중에 먹는 습관을 들인다.

여러 가지 색의 음식을 먹는다

저열량식을 하려면 매끼 열량을 계산하고 이것저것 가려서 먹어야 할 것 같지만 그 정도로 까다롭지는 않다. 요점은 영양소를 고루 섭취하되 과식하지 않는 것이다. 섭취 열량을 70%로 줄였다고 덩달아 영양이 결핍되거나 어느 한쪽으로 쏠린다면 건강에 이로울 것이 없다.

식사할 때 영양을 고루 섭취할 수 있는 간단한 방법이 있다. 어제 저녁 식사로 무얼 먹었는지 한번 떠올려보자. 만약 비슷한 색을 가진 음식들만 먹었다면 영양을 균형 있게 섭취하지 못한 것이다.

요컨대 빨강, 하양, 검정, 노랑, 초록 등 되도록 여러 가지 색의 음식을 조금씩 먹으면 된다. 색의 가짓수를 늘리려면 자연히 채소를 많이 먹게 되므로 결국 당지수가 낮은 식사를 하게 된다. 게다가 채소의 색소 성분에 들어 있는 여러 가지 항산화물질도 섭취하게 된다. 이런 방법으로 영양을 고루 섭취하면서 위를 70%만 채운다면 매끼 번거롭게 열량을 계산하지 않아도 저열량식을 효과적으로 실천할 수 있다.

즐겁게 먹고 운동으로 균형을 맞춘다

안 먹거나 적게 먹어서 체중을 줄이면 금세 요요현상이 찾아와 결국 실패로 돌아가기 일쑤다. 이런 것만 보더라도 식사는 역시 즐거워야 한다. 먹고 싶은 걸 무조건 참으면 매끼 식사가 고역이다.

저열량식에서는 총 섭취 열량을 70%로 줄여야 하지만 그 때문에 스트레스를 받는다면 꼭 70%가 아니라도 된다. 80%나 90%까지 늘려도 괜찮다. 대신 그만큼 운동을 하면 된다. 장수유전자를 발견한 가렌티 박사도 대단한 미식가다. 저열량식의 효과는 잘 알지만 그렇다고 먹는 양을 줄이지는 않는다. 대신 운동량을 늘린다고 한다.

달고 기름진 음식이 먹고 싶을 때도 마찬가지다. 나도 튀김이 먹고 싶을 때는 망설이지 않고 먹는다. 여러 사람들과 식사를 함께 하는 자리에서 프랑스 요리가 나오면 고열량의 푸아그라도 절대 사양하지 않는다. 그 대신 식사 후에는 반드시 운동을 한다.

아무리 건강과 장수를 위해 하는 일이라도 즐겁지 않으면 오래 할 수 없고 제 효과도 얻지 못한다. 앞으로는 먹는 즐거움을 포기하지 말고 대신 운동으로 균형을 맞추는 지혜를 발휘하자.

소량의 견과류나 과일로 허기를 달랜다

시간이 없고 바쁜 것도 저열량식에 실패하는 원인의 하나다. 출근 시간에 쫓겨 아침 식사를 거르거나 업무가 바빠 식사 때를 놓치면 흔히 주먹밥이나 패스트푸드 등으로 때운다. 그것도 컴퓨터 앞에 앉아 제대로 씹지도 않고 맛도 느낄 새 없이 급하게 먹는다.

공복 상태가 이어지면 유전자는 그 상황을 '기아'로 판단한다. 그래서 다음 식사 때는 음식의 영양분을 남김없이 흡수해 모조리 지방으로 저장하려 든다. 얼마 먹지도 않는데 자꾸 살이 찐다고 하소연하는 사람들이 대개 이런 유형에 속한다.

시간이 없고 바쁠 때는 허기를 달랠 만한 음식을 미리 준비해두는 것이 좋다. 블루베리나 사과처럼 당도가 낮은 과일은 열량이 적고 당지수도 낮기 때문에 공복에 먹어도 혈당이 크게 오르지 않는다. 아몬드나 땅콩 같은 견과류는 껍질째 먹으면 레스베라트롤을 섭취할 수 있다. 우선 이런 음식으로 허기를 달래고 나서 식사를 하면 과식을 막을 수 있고 몸속에 지방도 덜 쌓이게 된다.

나도 회의 때문에 점심을 거를 때가 많아 연구실에는 항상 견과류와 과일을 둔다. 주전부리가 심한 사람은 과자나 고열량 간식 대신 소량의 견과류나 과일로 잠시 공복감을 채우는 것도 좋은 방법이다.

영양소를 고루 섭취해 식욕을 다스린다

미국 칼로리 리스트릭션 소사이어티의 사무국장에게 들었는데, 저열량식에 관한 대표적인 질문이 바로 '어떻게 해야 식욕을 다스릴 수 있는가?'라고 한다. 저열량식을 하지 않더라도 누구나 한 번쯤 고민 했을 만한 내용이다.

저열량식에서는 섭취 열량을 줄이면서 동시에 영양소를 충실히 섭취해야 한다. 특히 몸속에서 만들어지지 않는 영양소는 더 적극적으로 섭취해야 한다. 사무국장은 우리 몸에 필요한 영양소를 표로 만들어두고 식사

때마다 섭취한 영양소에 표시를 해서 빠짐없이 채워가다 보면 식욕이 자연히 가라앉는다고 조언했다.

지금 내 몸이 무엇을 원하는지 귀 기울여서 필요한 영양소를 공급하면 과도한 식욕도 저절로 잦아들 것이다. 어떤 식품에 어떤 영양소와 유효 성분이 들어 있는지 알아두면 경우에 따라 골라 먹거나 절제할 수 있어 열량이나 영양소 섭취를 조절하는 데 도움이 된다.

술은 약이 될 만큼만 마신다

저열량식을 한다며 좋아하는 술까지 억지로 끊을 필요는 없다. 그러나 유전적으로 알코올 분해 능력이 약한 사람은 과음하지 않아야 한다.

몸속에 들어온 알코올은 간에 있는 알코올탈수소효소(ADH)에 의해 '아세트알데히드'라는 물질로 산화된다. 아세트알데히드는 다시 알데히드탈수소효소(ALDH)에 의해 아세트산으로 분해된다. 이 알데히드탈수소효소의 활성이 낮을수록 술에 약하다고 할 수 있다.

서양인에는 드물지만 일본인 중 절반이 알데히드탈수소효소의 활성이 낮다. 이런 사람이 술을 지나치게 마시면 알코올의존증에 빠지기 쉬운 데다 식도암이나 인두암, 대장암 등의 위험도 높아진다.

술은 '백약의 으뜸'이라고들 한다. 술이 몸에 약이 되게 하려면 맥주는 1캔(350㎖), 사케는 1홉(180㎖), 위스키는 더블 1잔, 포도주는 2~3잔을 넘지 말아야 한다. 나는 샴페인을 무척 좋아해서 매일같이 마시지만 3잔

이상은 절대 마시지 않는다.

술자리에서는 물을 넉넉히 준비해두고 술 마시는 사이사이에 물을 충분히 마시는 것이 좋다. 그렇게 하면 술을 마셔도 혈중 아세트알데히드 농도가 크게 상승하지 않기 때문에 숙취를 막는 데 도움이 된다.

'생활 속 신체활동'을 늘린다

운동도 장수 관련 유전자의 발현을 촉진하는 중요한 수단이다. 이런 점에서 가렌티 박사 같은 미식가에게는 저열량식보다 훨씬 더 중요한 의미를 가질 것이다.

6장(137~139쪽)에서 말했듯이 굳이 격렬한 운동을 찾아서 할 필요는 없다. 대신 몇 가지 요령을 익혀두는 것이 좋다. 예를 들면 유산소운동 사이사이에 근육 트레이닝 같은 무산소운동을 하는 것이다. 그러면 AMPK가 활성화되어 지방이 더 많이 연소되고 근육세포에 있는 미토콘드리아의 수도 늘어난다. 결과적으로 우리 몸은 에너지를 효율적으로 사용하는 '에너지 절약형 신체'가 된다.

운동 효과는 이뿐만이 아니다. 운동을 하면 성장호르몬(human growth hormone, HGH)을 분비하는 유전자가 작동해 신체를 젊게 유지한다. 그 밖에 면역 기능을 주관하는 유전자나 암을 억제하는 유전자도 활성화된다.

'운동의 필요성은 알지만 운동을 별로 좋아하지 않거나 시간이 없어서 못 한다'는 사람들에게 반가운 조사 결과가 있다. 정상 체중 그룹과 대사증후군 위험군 그룹 각각 10명에게 초소형 센서를 장착하고 하루 동안 어느 정도 신체활동을 하는지 살펴봤다. 그 결과 정상 체중 그룹은 대사증후군 위험군 그룹보다 하루에 2시간 정도 더 많이 움직이는 것으로 나타났다. 운동이 아닌 일상적인 신체활동만 따졌을 때 2시간이나 차이가 나는 것이다.

예를 들어 고층으로 이동할 때 엘리베이터 대신 계단으로 올라가기, 출근할 때 승용차 대신 걷거나 지하철로 가기, 버스에서 자리가 비어도 그대로 서서 가기 같은 일상의 사소한 '움직임'이 모여 2시간의 차이를 만든다. 이런 신체활동의 차이가 매일같이 쌓여 정상체중과 과체중의 운명을 가르고 마침내는 건강과 수명에 큰 영향을 미친다.

나는 집과 사무실에 에르고미터(바퀴 없는 자전거 같은 운동 기구)를 두고 책을 읽어가면서 운동을 한다. 사무실에는 소형 트램펄린(스프링이 달린 사각형 또는 육각형 모양의 그물망 매트)도 있다. 식사 후나 운동이 좀 부족하다 싶을 때는 반드시 트램펄린에서 뛴다. 동료들도 이런 모습에 익숙해서인지 내가 트램펄린에서 뛰고 있을 때도 서류를 들고 와서 보고를 하거나 마주보며 토론을 하기도 한다.

시간이 없어 운동을 못 한다는 것은 핑계다. 지하철을 기다리는 동안 한 쪽 다리로 버티고 서 있기만 해도 운동이 된다. 고작 그 정도의 신체활동이 나의 10년 후, 20년 후의 건강을 결정한다.

저열량식과 운동을 지속하려면 미래의 건강한 내 모습을 자주 상상해보는 것이 좋다. 그 모습이 상상에 그치지 않으려면 지금이라도 일어나 몸을 움직이자.

'저열량식 효과 물질'은 복용량에 주의한다

열량의 체내 흡수도를 저하시킴으로써 저열량식과 유사한 효과를 내는 물질이 있다. 이를 '저열량식 효과 물질(Calorie restriction mimetics)'이라고 한다. 3장에서 소개한 레스베라트롤도 그중 하나다.

지금도 기업과 연구소들은 레스베라트롤보다 효과가 더 뛰어난 물질을 개발하는 데 힘을 쏟고 있지만 저열량식 효과 물질은 레스베라트롤이 발견되기 이전에도 존재했다. 그중에서 내가 직접 복용해 효과를 확인한 물질 두 가지를 소개하고자 한다.

하나는 니아신(비타민B₃)이다. 3장에서 설명했던 조효소 NAD는 장수 유전자가 발현하는 데 꼭 필요한 물질이다. NAD가 부족하면 섭취 열량을 줄이더라도 그다지 큰 효과를 얻지 못한다. NAD의 원료가 바로 니아신이다. 니아신은 현대인에게 결핍되기 쉬운 필수 비타민의 하나로 부작용의 위험이 적어 저열량식 효과 물질을 처음 이용하는 사람에게 권할 만하다. 식품 중에는 잎새버섯이나 대구알젓에 많이 들어 있다.

니아신 외에 당뇨병 치료제인 메트포르민(metformin)도 저열량식과 유사한 효과를 낸다. 저열량식을 하면 인슐린저항성이 개선되기 때문에 당뇨병을 예방하거나 치료하는 데 도움이 된다. 메트포르민도 이와 유사한 작용을 통해 마치 저열량식을 한 것 같은 효과를 내는 것으로 알려져 있다. 나는 당뇨병 위험이 높아 현재 메트포르민을 복용하고 있는데 효과는 만족할 만하다.

이런 저열량식 효과 물질도 영양보충제와 마찬가지로 복용량에 주의

해야 한다. 최근에도 쥐에게 메트포르민을 장기간 다량 투여했더니 사망률이 증가했다는 실험 결과가 보고되었다. 메트포르민은 의사의 처방전이 있어야 구입할 수 있기 때문에 과다 복용하는 경우는 많지 않겠지만 효과가 높은 물질일수록 위험도 크다는 점은 꼭 기억해두도록 한다.

항노화 클리닉을 이용한다

같은 질병도 환자마다 병태가 다르고 약의 효과도 다르게 나타난다. 그래서 '맞춤 치료'라는 말이 있는 것이다. 건강을 지키고 노화를 막는 데도 정답이나 원칙은 없다. 저열량식, 운동, 저열량식 효과 물질 등은 건강 장수를 위해 개인이 평소에 노력할 수 있는 최선의 방법이지만 결코 절대적이지 않다.

약을 분해하는 능력은 사람마다 다르기 때문에 그 능력에 맞는 복용량과 복용법을 지키지 않으면 효과는커녕 부작용이 나타날 수도 있다. 항산화물질이나 저열량식 효과 물질 같은 보충제를 사용할 때도 마찬가지다. 저열량식과 운동에서도 누구에게나 효과적인 방법은 없다.

노화는 어느 한 가지 원인으로 일어나는 것이 아니다. 여러 원인이 복합적으로 작용한다. 그래서 노화 현상도 인체의 어느 한 곳에만 나타나지는 않는다. 그러나 다른 곳에 비해 노화 속도가 유난히 빠른 부위가 있다. 중년 이후에 나타나는 불쾌증상이나 질병은 인체에서 이처럼 노화가 빠른 부위에 일어나는 경우가 많다. 그 부위가 내 몸의 약점인 셈이다. 그대로 두면 그 곳에서부터 노화가 가속화된다.

내 몸의 약점을 되도록 빨리 찾아내서 다른 부위의 기능과 균형을 이루도록 조절하고 치료하는 것이 건강 장수를 누릴 수 있는 지름길이다. 이런 이유로 최근에는 '질병 진단'에 '노화 예방'이라는 요소를 추가한 항노화 클리닉이 늘어나고 있다.

항노화 클리닉에서는 질병의 유무만 확인하는 것이 아니라 혈관, 뼈, 근육, 호르몬 등 신체 각 조직에서 노화를 촉진할 수 있는 위험 인자를 찾아내고 이를 수치화해서 보여준다. 그래서 지금 내 몸이 어느 정도 노화되었는지 객관적으로 파악할 수 있다. 또 모발이나 소변의 성분을 분석해 수은, 납, 카드뮴 등의 체내 축적량을 알아볼 수도 있다. 진단 결과와 검사 수치를 종합해 내 몸의 약점을 알아내고, 이를 개선하기 위해 식사·운동·보충제 등에 대해 상담을 받을 수 있다. 또한 저열량식에 대해서는 더욱 효율적인 방법을 찾을 수도 있다. 그런 노력들이 내 몸에 제대로 반영되었는지 '노화도 검사'를 통해 확인할 수도 있으며, 원하면 해독 요법으로 몸속을 대청소할 수도 있다.

일본에는 2000년에 항노화 클리닉이 처음 개설되었다. 나는 그때부터 정기적으로 검진을 받고 있는데, 생각지도 못한 곳에서 노화가 크게 진행된 것을 발견하고 놀란 적도 여러 번 있었다. 하지만 구체적인 수치로 표시된 검사 결과를 보면 그동안 몸 곳곳에서 느꼈던 통증의 원인이 무엇인지 알 수 있어 막연한 불안감에서 벗어날 수 있다. 나는 검사 결과를 바탕으로 5년간 꾸준히 항노화를 위한 식생활과 운동, 보충제, 해독 요법 등을 실천했다. 그 덕에 지금 내 신체나이는 실제 나이보다 여덟 살이

나 젊다.

　건강 장수라는 목표는 단기간에 이룰 수 있는 것이 아니다. 그만큼 꾸준한 노력이 필요하지만 의지를 유지하기가 쉽지 않다. 저열량식이나 운동도 장수유전자를 발현시킨다는 다소 막연한 목적만으로는 적극적으로 실천할 수가 없다. 가끔씩이라도 내 노력들을 객관적으로 확인함으로써 의욕을 되살릴 수 있다면 항노화 클리닉을 이용하는 것도 바람직한 방법이다.

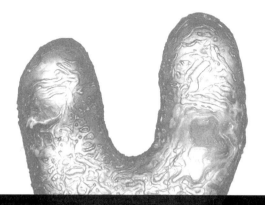

10 | 장수를 선택한다

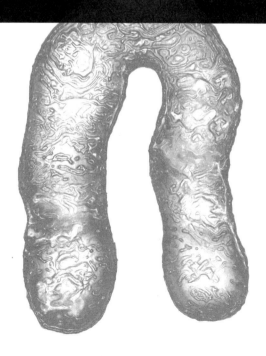

사회문제로서의
장수

최근 10여 년간 항노화 의학 분야에서는 놀라운 연구 결과들이 잇달아 발표됐다. 그야말로 대발견의 연속이었다. 이쯤 되면 더 이상 신기할 것도 없을법한데 나는 생명의 신비 앞에서 여전히 흥분하고 그것을 밝혀낸 과학의 힘에 감동한다.

"앞으로 20년만 있으면 인간은 1000세까지 살 수 있다!"

2004년이 저물 무렵, 영국 케임브리지대학의 오브리 드 그레이(Aubrey de Grey) 교수의 이 충격적인 발언은 BBC와 CNN을 통해 전 세계로 퍼졌다. 컴퓨터 프로그래머였던 그레이 교수는 생물학 분야에서 독자적인 연구로 박사학위까지 받은 독특한 경력을 갖고 있다. 풍모도 예사롭지 않다. 장발에 가슴 턱까지 기른 수염이 무척이나 인상적이다.

과학계는 그의 말에 그다지 놀라운 기색을 보이지 않았다. 과학적 근거가 희박한 비논리적인 견해라는 것이다. 그러면서도 이 허무맹랑한 주장을 두고 세계적인 과학자들은 물론 경제학자와 철학자들까지도 논쟁을 벌였다. 그 이유가 이 주장의 신빙성과 타당성 때문만은 아니다.

그들은 지극히 현실적인 문제를 우려했다. 그레이 교수의 주장대로 누구나 1000세까지 산다면 노령연금은 어떻게 될까? 도대체 몇 살 이상을 노인으로 볼 것이며, 몇 살부터 연금을 받을 수 있을까? 나이 들어서도 모두 건강하게 일한다면 연금제도를 둘 필요가 없지 않을까?

이런 사회제도적인 혼란뿐만 아니라 가족 구성원 간의 문제도 심각해진다. 손자에 증손자, 고손자를 비롯해 친척의 수와 범위는 엄청나게 늘어날 것이다. 그러다 보면 이름도 얼굴도 제대로 기억하지 못하게 되고, 심하면 결혼을 약속한 상대가 알고 보니 먼 친척인 경우도 얼마든지 있을 수 있다.

인구가 늘어나면 가뜩이나 심각한 식량 부족은 어떻게 해결할 것인지, 인구 밀도가 높은 지구를 떠나 우주에 새 보금자리를 마련해야 하는 것은 아닌지 걱정이다. 이런 점을 보면 경제학자들까지 논쟁에 가담하는 이유를 알 만하다. 장수는 개인의 소박한 바람에 그치지 않고 사회구조 자체를 변화시키는 큰 문제가 될 수 있기 때문이다.

몇 살까지
살아야 할까?

대부분의 과학자들은 그레이 교수의 주장이 객관적 사실보다 철학적 논리를 바탕으로 한다는 점에서 선뜻 동의하지 않았다. 그러나 일부는 그의 주장이 새로운 연구를 위한 돌파구가 될 것으로 기대했다.

그레이 교수는 "죽고 사는 것은 인간의 기본 권리다. 장수의 가치를 부정하는 것은 노인에 대한 차별이다. 따라서 항노화 의학은 앞으로 더욱 발전해야 한다"고 말했다. 이 말에는 '인간은 왜 살고 왜 죽는가?'라는 과학의 근원적인 물음에 대한 답이 담겨 있다. 과학자들이 경제학자들과 다른 논점으로 그의 주장을 해석하는 이유도 그 때문이다.

그러나 그레이 교수의 논리가 아무리 참신해도 1000세까지 산다는 것은 도무지 믿기지 않는다. 물론 과학과 의료기술에 힘입어 인간의 평균수명이 착실히 증가해온 것은 분명한 사실이며 앞으로 더 증가할 것으로 예측되고 있다. 달리 표현하면 노화와 수명은 이제 어느 정도 제어 가능한 수준에 이르렀다. 이쯤 되면 '몇 살까지 살 수 있을까?'를 걱정하는 것이 아니라 '몇 살까지 살아야 할까?'를 고민하는 날이 올 것이다. 이미 그 가능성이 보이기 시작했다.

저열량식의 수명 연장 효과는 동물을 대상으로 한 실험으로 이미 여러 차례 입증되었지만 실천 여부는 오롯이 여러분의 선택에 달려 있다. 이제 장수도 어느 정도는 '선택'으로 결정될 수 있다는 뜻이다.

현재 기네스북이 인정한 최장수인은 1997년에 122세로 사망한 프랑스 여성 지안느 칼멩 여사다. 만일 저열량식보다 좀 더 쉬운 방법으로 오래 살 수 있게 된다면 인간은 과연 몇 살까지 살고 싶어 할까? 마음만 먹는다면 130세, 150세까지 살아 현재의 기록을 깰 수도 있을 것이다. 생명공학과 항노화 의학이 발전할수록 다양한 기대와 가능성이 제시되기 때문에 노화와 장수를 둘러싼 논쟁은 영원할 수밖에 없다.

내 아버지는 당뇨병을 앓았고 나도 당뇨병 위험군이다. 그래도 나는 현대인의 생물학적 한계수명이라고 하는 125세까지 꼭 살 것이다. 이런 내 말에 100세까지 사는 당뇨병 환자가 어디 있느냐며 되받아치는 친구가 있었다. 그런데 정말 그런 사람이 있다. 100세도 아닌 110세를 넘은 초장수인이다.

앞서 소개한 펄스 박사는 초장수인의 의학적 특성에 관해서도 깊이 연구했다. 그가 조사한 초장수인 35명의 병력은 놀라운 사실을 보여준다.

완전히 건강한 사람이 15%, 80세까지 질병을 앓았던 사람이 43%, 80세 이후에 질병에 걸린 사람이 42%나 된다. 그중에 당뇨병 환자가 한 사람 있다.

흔히 건강해야 오래 사는 줄 알고 있지만 실제로 초장수인의 대부분은 병마와 싸우면서도 오래 살았다. 심지어 암 환자도 있다. 일본에서는 해마다 30만 명이 암으로 사망한다. 후생노동성이 2007년에 조사한 '성별·연령별 주요 사망원인 구성 비율'을 보면 암으로 인한 사망률에는 연령별 변화가 뚜렷하다. 남성은 65~69세, 여성은 55~59세에서 정점을 이루다가 그 이후부터 완만하게 감소한다. 90세를 넘으면 남녀 모두에서 주요 사망 원인은 암이 아니라 심장질환으로 나타났다.

암을 억제하면 노화가 진행된다는 사실이 유전자 연구를 통해 밝혀졌다. 노화 현상은 생명체가 살아남기 위한 적응 현상의 일부다. 암에 대한 예방 전략인 셈이다. 암 사망률의 연령적 변화가 이를 뒷받침한다. 성별의 차이는 있지만 오래 살수록 암은 두려운 질병이 아니다. 어느 연령대를 무사히 넘기고 그보다 더 오래 살면 암을 비롯한 모든 질병은 인생의 여정을 함께 가는 친구 같은 존재가 된다.

여러분이 '장수의 길'을 선택했다면 해결 과제는 단 하나다. '어떻게 그 연령대를 무사히 넘길 수 있는가' 하는 것이다.

항노화를 위한
바른 투자법

　주식이나 펀드 투자 분야에서 많이 쓰는 용어 중에 '하이 리스크 하이 리턴(high risk high return)'과 '로우 리스크 로우 리턴(low risk low return)'이 있다. 각각 '고위험 고수익'과 '저위험 저수익'이란 뜻이다. 나는 워낙 그 방면에 소질도 관심도 없는 사람이라 아무리 높은 수익을 보장하는 상품이라도 투자할 생각이 없다.

　그러나 항노화에 대해서만은 예외다. 항노화 효과를 얻을 수 있다면 기꺼이 시간과 정성을 들인다. 항노화에 관한 전문 지식이 있기에 과감한 투자에도 망설임이 없다.

　지금의 연금 제도만 보더라도 나라가 노후를 책임져주는 시대는 이미 지났다. 내 후반기 인생은 내가 지켜야 한다. 그렇다고 가진 재산을 몽땅 은행에 맡겨두기만 할 수도 없다. 생각만큼 많이 불어나지 않을뿐더러 물가상승률을 따지면 오히려 가치가 떨어질 수도 있다. 젊음도 마찬가지다.

항노화 의학은 발전 속도에 비해 역사가 짧은 편이라서 인간을 대상으로 한 장기적인 실증 데이터가 부족하다. 오랫동안 건강에 유익하다고 알려졌던 비타민E나 비타민A조차 이제 와서는 다량을 장기간 복용하면 사망률이 높아진다고 한다. 개인적으로 아무리 뛰어난 효과를 체험했더라도 인체에 미치는 장기적인 영향이 제대로 파악되지 않는 이상 항산화물질 같은 보충제에 돈을 들이는 것은 현명하지 않다.

건강 유지에 필요한 최소한의 양만 복용한다면 위험성은 적겠지만(로우 리스크) 대신 효과도 적다(로우 리턴). 노화 방지를 위해 적극적으로 섭취하면 효과는 높겠지만(하이 리턴) 그만큼 위험성도 높다(하이 리스크).

그 밖에 신진대사를 촉진하고 노화를 늦추는 성장호르몬을 투여하는 방법도 있다. 그러나 성장호르몬 요법은 비용이 만만치 않은 데다 부작용도 경계해야 한다. 특히 동물 실험 결과 뇌하수체 전엽에서 분비되는 성장호르몬의 자극에 의해 간에서는 IGF의 분비가, 그리고 이자(췌장)에서는 인슐린의 분비가 촉진되는 것으로 나타났다. 당뇨병이나 암 발생에도 영향을 줄 수 있으니 성장호르몬 요법은 '하이 리스크 하이 리턴'의 항노화법인 셈이다.

투자하지 않고는 건강을 지킬 수 없다. 젊음을 유지하려면 더 큰 투자가 필요하고, 잃은 젊음을 되찾으려면 그보다 더 큰 투자가 필요하다. '하이 리스크 하이 리턴'을 고를지, '로우 리스크 로우 리턴'을 고를지,

아니면 '미들 리스트 미들 리턴'에 만족할지는 개인의 판단에 따른다. 다만 어느 정도 지식을 갖추지 않으면 무모한 초짜 투자가에 머물고 만다. 그 자체만으로도 '하이 리스크'다.

한 가지 분명한 것은 젊음은 저축할 수 없다는 사실이다. 은행에 맡겨둘 수도 없고 맡겨두어도 불어나지 않는다. 그대로 두면 지키지 못하고 지키지 않으면 잃게 된다.

세상만사
생각하기 나름

평소에 기분 좋게 사는 것이 곧 스트레스 관리라고 생각한다. 이렇게 말하면 스트레스의 불씨들이 여기저기 흩날리고 있는데 그걸 다 어떻게 피하냐고 반박할 것이다. 그렇다고 주변 탓만 할 수도 없지 않는가? 기분의 좋고 나쁨은 내 자신이 '선택'하는 것이기 때문이다. 다음 예를 보자.

A씨는 친구들보다 출세가 빠른 편이다. 1억이나 되는 연봉도 그의 자랑거리다. 어느 날 동창회에서 친구 B씨를 만났다. 그의 연봉이 2억이라는 것을 알게 된 순간 A씨는 기분이 몹시 상했다. 지금껏 흡족했던 1억이란 액수가 하찮게만 느껴졌다. 회사가 자신의 능력

을 제대로 평가해주지 않는다고 생각하니 억울하기만 했다.

이 예가 무엇을 말하려는지 알겠는가? A씨의 '만족과 행복'은 환상에 불과했다. 반대로 말하면 그의 '불만족과 불행'도 환상이다. 초점을 살짝만 바꿔도 똑같은 1억이 행복에서 불행으로 바뀐다. 세상만사 생각하기 나름인 것이다.

A씨가 B씨의 연봉을 안 순간 그의 면역력은 곤두박질했을 것이다. 몸 어디에선가 건강에 해를 끼치는 유전자가 작동하기 시작했을 것이다. 그깟 환상 때문에 스스로 내 몸을 늙게 하고 수명을 줄이다니 어리석기 짝이 없다.

내 기분의 결정권은 내가 쥐고 있다. 그런데도 남에게 칭찬을 들으면 '유쾌'하고, 싫은 소리를 들으면 '불쾌'하다. 이런 기분의 기복은 타인과의 관계로부터 성취감을 얻으려고 하기 때문에 생긴다. 이렇게 변덕이 심하면 평소에 좋은 기분을 유지하기 어렵다. 그래서 무조건 '유쾌' 쪽만 선택해야 한다. 그래도 안 되면 또 다른 방법이 있다.

오디오의 음량 조절 스위치가 내 가슴에 달려 있다고 상상한다. 지금 내 유쾌함의 레벨이 3 정도라면 스위치를 5 정도까지 올려보자. 이런 간단한 훈련으로도 언짢았던 기분을 몰아낼 수 있다.

중대한 실수나 심각한 질병, 고통스런 실연, 피할 수 없는 노화 같은 것은 내 뜻과 상관없이 일어난 일이지만 사실은 사실이다. 하지만 해석은 자유다. 긍정적으로 받아들이는 것도, 좌절하고 마음 상하는 것도 선택이다. 다만 부정적인 선택에는 그만한 대가가 따른다. 내 몸의 면역력이며 건강, 젊음까지 모조리 빼앗긴다.

배우자를 비롯해 타인과의 관계에 대해서도 마찬가지다. 상대의 말과 행동, 표정 하나로 내 기분이 달라지지 않도록 초점을 바꾼다. 반대로 내 언행이 상대의 건강과 수명에도 영향을 미친다는 사실을 명심한다.

내 친구의 부모님은 100세가 넘도록 금슬 좋은 부부로 건강하게 지내고 계신다. 두 분은 자주 머리를 맞대고 어떻게 해야 한날한시에 세상을 뜰 수 있는지 진지하게 고민하신다고 한다. 한 번밖에 없는 인생, 누구나 기분 좋게 살고 싶을 것이다. 그러나 혼자서는 외롭다. 노화와 장수에 관해서는 다양한 견해가 있지만 궁극적으로는 어떻게 살다가 누구와 함께 죽느냐가 가장 중요한 문제일지 모른다.

부부가 함께 장수하기

부인이 먼저 세상을 떠나면 남편의 생존율이 떨어진다고 한다. 그것도 크게 떨어진다. 부인을 잃은 지 5년 이내에 남편이 사망한 경우가 그 이후에 사망한 경우의 10배나 된다는 조사 결과도 있다. 이에 비해 아내는 남편과 사별해도 생존율에 큰 변화가 없다. 남성이 여성보다 외로움에 대한 스트레스를 더 크게 느끼기 때문이라고 한다. 이런 점에서 보면 여성이 남성보다 강하다는 말이 맞는 듯하다.

스트레스는 면역력을 떨어뜨리고 몸도 마음도 늙게 만든다. 그래서 스트레스는 항노화의 큰 적이다. 이에 관한 의학적 근거는 '정신면역학'에서 찾을 수 있다. 정신면역학은 개인의 사고방식이나 의식, 마음가짐이 건강에 큰 영향을 준다는 것을 실증한 학문이다.

분노나 불안 같은 부정적 감정은 면역력을 떨어뜨린다. 반면 웃음은 몸속에서 암세포나 바이러스와 싸우는 인터페론이라는 물질을 증가시킨다. 억지웃음이라도 좋으니 웃는 표정이라도 지으면 식후 혈당치가 크게 떨어지고 고혈압이나 뇌졸중, 심장병, 치매에도 좋은 영향을 준다고 보고된 적이 있다.

정신적 스트레스는 여러 가지 유전자의 발현에도 관여한다. 더욱 놀라운 것은 정신적 스트레스가 많으면 염색체의 텔로미어가 짧아진다는 사실이다. 텔로미어는 '세포의 노화 시계'로 불린다. 길이가 줄어든다는 것은 그만큼 노화가 심해진다는 의미다.

오래 살려면 남녀를 불문하고 스트레스 관리를 게을리 하면 안 된다. 특히 남성은 배우자가 먼저 세상을 뜨면 자신의 수명도 짧아질 수 있다는 사실을 기억해야 한다. 자신의 스트레스만 줄일 것이 아니라 부인의 스트레스도 덜어주는 것이 장수를 위한 지혜로운 처사다.

인류는 아직 젊다

장수유전자의 존재를 알기 전까지 노화로 죽음을 맞이하는 것은 피할 수 없는 운명이라고 생각했다. 그러나 노화가 생물학적 과정의 일부에 지나지 않는다고 깨달은 후부터 '장수'를 다르게 해석하게 되었다.

항노화 의학의 개념은 진시황 시대부터 있었다. 불로불사(不老不死)는 인류가 탄생과 동시에 품었던 꿈이었는지 모른다. 인류는 그 꿈을 현실로 만들고자 수명과 관련된 생물학적 메커니즘을 밝히고, 다양한 진단 방법을 개발하며, 고도의 의료 기술을 발전시켜 노화에 도전하고 있다.

이 책에서는 장수유전자의 존재를 알리고 그 유전자를 활성화하는 여러 가지 방법을 소개했다. 장수유전자의 존재가 태고부터 대물림해온 종족 보존을 위한 전략이었다는 것을 안 순간, 지금까지 배우고 익혀서 얻은 어떤 지적 감동과도 비교할 수 없는 큰 흥분을 느꼈다. 혼자 간직하기 벅찬 그 기분과 감정을 이 책을 통해 독자들과 나누고 싶었다.

책을 마무리할 즈음에 불쑥 한 가지 궁금증이 생겼다. 해충인 바퀴벌레는 수억 년이나 번성하고 있는데 인류는 개체가 아닌 하나의 종(種)으로서 과연 장수하고 있는 것일까? 개체가 오래 살면 종도 오래 보존될까?

멸종 현상을 통해 동물의 생존 전략을 탐구했던 데이빗 라우프(David M. Raup)는 저서 《멸종: 불량 유전자 탓인가, 불운 때문인가?》에서 지구상에 현존하는 종이 4000만 종류라고 했다. 지금까지 지구상에는 약 400억 종류의 종이 존재했다. 그중 대부분이 멸종하고 고작 0.1%만이 살아남았다는 것이다.

지구 생명의 역사를 약 40억 년이라고 했을 때 그동안 400억 종류의 종이 등장했으므로 계산하면 한 종의 평균수명은 약 1000만 년이다. 그 중에는 잠자리나 바퀴벌레처럼 수억 년이나 사는 종도 있으므로 실제로는 수명이 1000만 년에 못 미치는 종도 많았을 것이다.

인류의 기원을 약 100만 년 전으로 본다면 현재 인류의 나이는 약 100만 세인 셈이다. 평균수명까지 900만 년이나 남았으니 아직 젊디젊다. 개체의 장수를 지향하는 항노화 의학은 과연 종의 보존에 도움이 될까? 나는 그렇다고 믿고 있다.

항노화 의학은 노화에 초점을 둔 예방의학으로 확고하게 자리매김하고 있다. 항노화 의학이 더욱 발전하면 병이 난 후에 고치는 현행 의료 방식이 개인과 사회에 주는 부담을 덜어주고 결국 그 자리를 대신하게 될 것이다.

수많은 질병이 노화에서 비롯된다. 노화를 미리 막을 수 있다면 그 많은 질병에서 자유로울 수 있고 그만큼 인류의 생존에도 유리하다. 과학의 발전으로 머지않아 유전 질환도 치료될 것이다. 인류라는 종이 평균수명 1000만 년을 채우지 못하고 요절할 수는 없다. 더 많은 종류의 장수유전자를 찾아내고 발현시켜야 한다. 인류는 아직 젊고 할 일은 많다.

쓰보타 가즈오

불로불사의 헛된 꿈이 아닌
무병장수의 현명한 삶으로

"나는 늙지도 않고 죽지도 않는 황제로 영원히 이 나라를 다스릴 것이다!"

2000여 년 전 천하를 얻은 중국 진시황은 불로장생에 대한 꿈 또한 남달랐던 모양이다. 하지만 불로불사(不老不死)를 꿈꾸던 그는 기원전 210년 나라를 살핀다는 명목으로 길을 나섰다가 병을 얻어 죽었다고 한다. 그의 나이 고작 50세에 말이다. 게다가 객사를 했다는데, 길을 떠난 목적이 불사의 약을 구하기 위해서였다고 한다. 하나의 추측이지만, 불로장생(不老長生)에 도움이 될 것이라는 달콤함에 수은 중독으로 객사를 했다니 그의 운명도 참으로 아이러니하다. 이 책의 번역본을 읽는 내내 '진시황이 이 책을 봤더라면 얼마나 흥분했을까' 하는 다소 멋적은 생각이 들기도 했다.

성경을 보면 노아의 대홍수 이전에는 많은 사람들이 수백년은 기본으로 살았던 모양이다. 성경의 첫 번째 사람인 아담은 930년을 살았으며, 최장수자인 므두셀라는 무려 969년을 살았다고 한다. 대홍수가 아니었다면 그는 더 오래 살았을지도 모를 일이다. 노아도 대홍수가 발생했을 당시 이미 600세였고, 이후 350년을 더 살았다고 하니 현대인보다 무려 10배 이상이나 수명이 길었던 셈이다. 성경의 기록이 사실이라면 1000년에 달하는 인간의 수명을 우리는 어떻게 이해할 수 있을까? 혹시 그들이 노화 억제 유전자 또는 장수유전자를 현대인보다 10배나 더 많이 가지고 있었던 것일까?

대홍수 이후로 인간의 수명이 짧아진 것에 대해 창조과학적 측면에서는 '대홍수 당시 급격한 자연환경의 변화(하늘 위의 물이 쏟아져 내려 강력한 고주파의 우주 광선에 바로 노출된 것)로 인체에 매우 유해한 활성산소에 노출되어 나타난 결과'로 분석한다. 일견 합리적인 추론의 분석이어서 매력적이긴 하지만 사실 여부는 확인할 길이 없다.

현대의 생명과학적 분석 측면에서 보면 노화는 세포 또는 조직 내에서 매우 복잡한 기작들이 복합적으로 연계되어 나타나는 인체현상이다. 이 책에서 쓰보타 가즈오 박사는 이처럼 노화에 관련된 복잡하면서도 다양한 과학적 현상들을 흥미롭게 설명하면서 장수를 위한 올바른 생활습관을 알기 쉽게 조언하고 있다. 또한 소식 · 저열량식과 에너지 대사와의 관계, 비만 · 당뇨와 대사증후군과의 관계, 활성산소와 항산화 증진 효과의 관계 등에는 다양한 유전자들이 관련되어 있음을 최근의 다양한 연구 결과들을 통해 소개해주고 있다. 이러한 세포 내 생명현상들은 상호 연관되어 있으며, 상호 연관성 내에서 중복 기능을 담당하거나 마스터 스위치의 역할로 그 중요성이 드러난 유전자들도 있다. 굳이 크게 드러나지 않는다 하더라도 유전자에 의해 이러한 노화 관련 현상들이 조절되고 있는 것만 은 분명하다.

다행인 점은 건강 장수를 위해 우리 안의 유전자를 직접 조작하거나 조절하지 않아도 된다는 것이다. 일상생활의 습관을 바꾸는 것만으로도 노화 관련 유전자의 발현을 얼마든지 조절할 수 있으니, 진시황처럼 장수 에 관한 꿈을 우리는 여전히 가슴에 품고 살 수도 있다. 아니, 꿈이 아니 라 실생활에 어떻게 적용할 수 있는지를 이 책은 여러분에게 친절히 설명 해주고 있다.

불로장생은 인간의 오랜 꿈이기도 하고 부질없는 욕망과 어리석음을 상징하는 말이기도 하다. 이 책이 불로불사의 헛된 꿈이 아닌 무병장수의 현명한 삶으로 여러분을 이끌어줄 것이다.

오창규

저열량식과 운동으로
'장수유전자의 생명력'을 얻는다

반기지 않아도 해마다 돌아오는 생일. 아이들 성화에 케이크는 사지만 몇 년째 초는 꽂지 않고 있다. 초가 자꾸 늘어나니 케이크가 구멍투성이다. 그 핑계로 10년에 한 번씩만 초를 꽂기로 했다. 10년에 한 살씩만 먹으면 오죽 좋을까.

나는 아직도 불쑥불쑥 나타나는 내 몸의 삐거덕거림을 '자연스러운 노화 현상'으로 받아들이지 못한다. 그래서 얼굴에 퍼지는 거뭇거뭇한 얼룩은 자외선 탓으로, 처지는 볼살은 중력 탓으로 돌린다. 물론 해를 가리거나 지구를 떠나 살 수 없듯이 가는 세월을 붙잡지도, 오는 노화를 막을 수도 없다는 것은 잘 안다.

나만 그런 것은 아닐 것이다. 노화를 두 팔 벌려 맞이하는 사람은 없다. 내 수명의 끝을 얼른 보고 싶어 안달하는 사람은 더더욱 없다. 이런 우리에게 이 책의 필자는 노화를 두려워만 하거나 요리조리 피할 것이 아니라, 지혜롭게 다스려서 당당히 장수를 선택하라고 말한다. 우리 모두에게 '장수유전자'가 있으니 걱정하지 말라고 다독인다. 대신 잠자고 있는 장수유전자를 깨우고 단련시켜야 노화를 늦추고 질병을 극복하며 수명을 늘릴 수 있다고 일러준다. 그 방법으로 '저열량식'과 '운동'을 들었다.

'적게 먹고 많이 움직여야 좋다'는 것은 건강법의 고전이다. 그 사실을 몰라서 못 하는 게 아니라 알고도 안 할 뿐이다. 그래서 이 책은 여느 건강서처럼 무얼 얼마만큼 어떻게 먹어야 하고, 어떤 운동을 얼마나 오래 해야 한다고 시시콜콜 말하지 않는다. 대신 노화의 본질을 제대로 파악하여 건강과 장수의 가치를 가슴으로 깨닫고, 장수유전자의 발현 원리를 머리로 이해할 수 있도록 애썼다. 그래야 몸이 따른다. 막연한 동기로는 굼뜬 행동에 핑계만 날랜 고질적인 버릇이 고쳐지지 않는다. 100만 년 역사를 자랑하는, 유전자의 시대착오적인 장수 전략은 아예 꿈쩍도 않는다.

필자는 항노화 의학에 대한 열정과 생명에 대한 경외심을 담아 장수유전자의 발견과 연구에 얽힌 흥미로운 일화들을 들려주고, 우리 몸에서 일어나는 신비로운 현상들을 설명한다. 그 안에서 우리는 노화의 의미를 찾고, 장수유전자의 존재를 확인하며, 내 몸을 이루는 세포마저도 인류의 생존을 위해 벌인 사투의 결과였음을 알게 된다. 무엇보다 저열량식과 운동이 단순히 체중 감량을 위한 수단이 아니라, 장수유전자를 발현시키는 중요한 요인이라는 사실을 깨닫게 되어 다행이다.

드디어 적게 먹고 많이 움직이는 것의 참 가치를 찾았으니 이제 실천하는 일만 남았다. 머리에는 지식을 가득 담고, 가슴에도 감동을 넉넉히 채웠다. 이제 배로 보내는 열량은 좀 줄여도 될 듯하다. 보탠 것만큼 덜어내고 비워내서 얻는 '무한 건강'과 모처럼 기지개 켠 '장수유전자의 생명력'을 오래도록 누리며 살고 싶다. 생일 케이크에 초를 빽빽이 꽂을 때까지….

윤혜림

참고문헌

- Fontana, L. and Klein, S., *Aging, adiposity, and calorie restriction.* JAMA, 2007. **297**(9): p. 986–94.

- Finkel, T., Serrano, M. and Balsco, M.A., *The common biology of cancer and ageing.* Nature, 2007. **448**(7155): p. 767–74.

- Bonawitz, N.D., et al., *Reduced TOR signaling extends chronological life span via increased respiration and upregulation of mitochondrial gene expression.* Cell Metabolism, 2007. **5**(4): p. 265–77.

- Belenky, P., et al., *Nicotinamide riboside promotes Sir2 silencing and extends lifespan via Nrk and Urh1/Pnp1/Meu1 pathways to NAD+.* Cell, 2007. **129**(3): p. 473–84.

- Uehara, T., et al., *S−nitrosylated protein−disulphide isomerase links protein misfolding to neurodegeneration.* Nature, 2006. **441**(7092): p. 513–7.

- Molofsky, A.V., et al., *Increasing p16INK4a expression decreases forebrain progenitors and neurogenesis during aging.* Nature, 2006. **443**(7110): p. 448–52.

- Krishnamurthy, J., et al., *p16INK4a induces an age−dependent decline in islet regenerative potential.* Nature, 2006. **443**(7110): p. 453–7.

- Kim, W.Y. and Sharpless, N.E., *The regulation of INK4/ARF in cancer and aging.* Cell, 2006. **127**(2): p. 265–75.

- Herbig, U., et al., *Cellular senescence in aging primates.* Science, 2006. **311**(5765): p. 1257.

- Baur, J.A., et al., *Resveratrol improves health and survival of mice on a high−calorie diet.* Nature, 2006. **444**(7117): p. 337–42.

- Kirkwood, T.B., *Understanding the odd science of aging.* Cell, 2005. **120**(4): p. 437–47.

- Kenyon, C., *The plasticity of aging: insights from long−lived mutants.* Cell, 2005. **120**(4): p. 449–60.

- Guarente, L. and Picard, F., *Calorie restriction−the SIR2 connection.* Cell, 2005. **120**(4): p. 473–82.

- Fabrizio, P., et al., *Sir2 blocks extreme life−span extension.* Cell, 2005. **123**(4): p. 655–67.

- Chen, W.Y., et al., *Tumor suppressor HIC1 directly regulates SIRT1 to modulate p53−dependent DNA−damage responses.* Cell, 2005. **123**(3): p. 437–48.

- Campisi, J., *Senescent cells, tumor suppression, and organismal aging: good citizens, bad neighbors.* Cell, 2005. **120**(4): p. 513–22.

- Balaban, R.S., Nemoto, S. and Finkel, T., *Mitochondria, oxidants, and aging.* Cell, 2005. **120**(4): p. 483–95.

옮긴이 _ 윤혜림

서울대학교 건축학과를 졸업했다. 일본 교토대학에서 건축학 전공으로 공학석사 학위를 받고, 동 대학에서 건축환경공학 전공으로 공학박사 학위를 받았다. 한국표준과학연구원에서 일했고, 지금까지 전공과 관련하여 5권의 책을 내고 7권의 책을 옮겼다.

최근에 《암 환자를 살리는 항암 보양 식탁》, 《면역력을 높이는 밥상》, 《콜레스테롤 낮추는 밥상》, 《간을 살리는 밥상》, 《혈압을 낮추는 밥상》, 《노화는 세포 건조가 원인이다》, 《내장지방을 연소하는 근육 만들기》, 《근육 만들기》, 《세로토닌 뇌 활성법》, 《생활 속 독소배출법》, 《생활 속 면역 강화법》, 《부모가 높여주는 내 아이 면역력》, 《나를 살리는 피, 늙게 하는 피, 위험한 피》, 《마음을 즐겁게 하는 뇌》, 《내 아이에게 대물림되는 엄마의 독성》 등을 번역했다.

좋은 책의 첫 번째 독자로서 누리는 기쁨에 감사하며, 번역을 통해 서로 다른 글을 잇는 다리를 놓아 저자의 지식과 마음을 독자에게 충실히 전달하려 한다.

장수유전자 생존 전략

개정판 1쇄 인쇄 | 2019년 12월 13일
개정판 1쇄 발행 | 2019년 12월 20일

지은이 | 쓰보타 가즈오
감 수 | 오창규
옮긴이 | 윤혜림
펴낸이 | 강효림

편 집 | 곽도경
디자인 | 채지연
마케팅 | 김용우

용지 | 한서지업(주)
인쇄 | 한영문화사

펴낸곳 | 도서출판 전나무숲 檜林
출판등록 | 1994년 7월 15일·제10-1008호
주소 | 03961 서울시 마포구 방울내로 75, 2층
전화 | 02-322-7128
팩스 | 02-325-0944
홈페이지 | www.firforest.co.kr
이메일 | forest@firforest.co.kr

ISBN | 979-11-88544-39-4 (03470)

전나무숲 건강편지를
매일 아침, e-mail로 만나세요!

전나무숲 건강편지는 매일 아침 유익한 건강 정보를 담아 회원들의 이메일로
배달됩니다. 매일 아침 30초 투자로 하루의 건강 비타민을 톡톡히 챙기세요.
도서출판 전나무숲의 네이버 블로그에는 전나무숲 건강편지 전편이 차곡차곡
정리되어 있어 언제든 필요한 내용을 찾아볼 수 있습니다.

http://blog.naver.com/firforest

 '전나무숲 건강편지'를 메일로 받는 방법 forest@firforest.co.kr로 이름과 이메일 주소를
보내주세요. 다음 날부터 매일 아침 건강편지가 배달됩니다.

유익한 건강 정보,
이젠 쉽고 재미있게 읽으세요!

도서출판 전나무숲의 티스토리에서는 스토리텔링 방식으로 건강 정보를
제공합니다. 누구나 쉽고 재미있게 읽을 수 있도록 구성해, 읽다 보면 자연스럽게
소중한 건강 정보를 얻을 수 있습니다.

http://firforest.tistory.com

스마트폰으로 전나무숲을 만나는 방법

네이버 블로그   다음 블로그